JN077810

架装車両入門

はこぶ車とはたらく車の話

綾部政徳

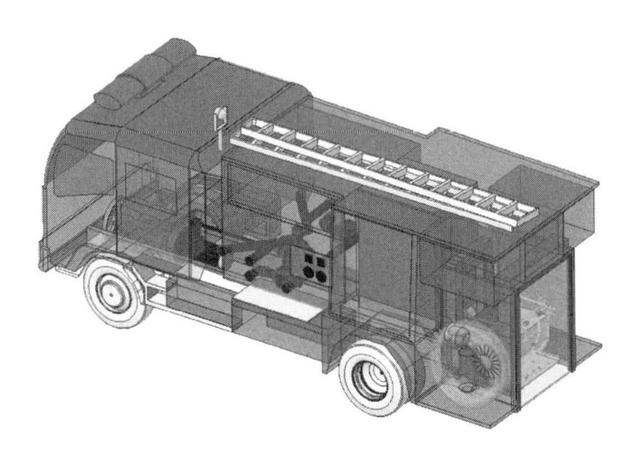

グランプリ出版

はじめに

街で乗用車を見たときに、それほど自動車に詳しくない人でもかなり正確にメーカーや名前を答えることができると思います。ではトラックはどうでしょうか？　マニアか業界の関係者は一目で答えるでしょうが、普通の人は運転席のマークやメーカー名から読みとるか、「興味ありません」と無視されるのがせいぜいで、意外と小さな子の方が絵本などで知識を得ていて詳しいかもしれません。

私たちがよく見かけるトラックは色々な荷台の形をしていますが、ダンプも消防車もバン型もみんな、乗用車のように自動車メーカーが作って工場のラインから出てくるのでしょうか？

答えはいくつかの例外を除けば、自動車メーカーの工場から出てくるのはキャブシャシと呼ばれる荷台のついていない状態で、それに搭載する荷台は別の会社が作製しています。車検証の車名にはシャシメーカーの名前が記載されており、また架装メーカーに比べればシャシメーカーの方が世間の認知度が高いためか、“いすゞの車”“日野の車”などシャシメーカーの製品と見られることが多いようです。しかし、実は全体の価格のうち搭載している架装物の方がシャシよりもはるかに高額なものも多く、私たちが見かける車両になるまでに、複数の会社の手を経ているなど、結構複雑です。

本書では、これからこの業界に関わろうとしている若者や、興味を持っている方に、トラックを構成しているシャシと架装物の関係について、いくつかの例を交えて、できるだけやさしく話をしていきたいと思います。

私が駆け出しのエンジニアだった頃、統計を中心とした数学の課題を、平易な例と口語で解説され、折りあるごとに勉強させていただいた、尊敬する大村平氏の名シリーズに敬意をこめて。

綾部政徳

目　次

はじめに　3

第1章　商業車のビジネス……………………………7

1　トラックは生産財　………………………………7

2　シャシから車両へ　………………………………9

3　商業車のビジネスに関わる法律・規制　……10

1）寸法と重量　10

2）運転免許　12

3）都市乗入れ制限　12

4）税制　14

4　認証と登録　……………………………………14

1）日本の車両認証制度　14

2）海外の状況　18

3）補足　完成車　20

第2章　商業車の分類　はこぶ車とはたらく車　…　23

1　はこぶ車　………………………………………24

1）平ボディ　25

2）キャブバッククレーン付き平ボディ　27

3）ドライバン　32

4）側方荷役車（側面開放車）　37

5）温度管理車　40

コラム　右か左か？（1）『後ろ扉はどちら開き』……………53

6）ダンプトラック　54

7）コンクリートミキサー　64

コラム　右か左か？（2）『ドラムの回転方向』………………74

8）脱着式荷台　75
9）トラクタ（セミトラクタ）　80
10）タンクローリー　90
11）荷役省力機械　97
2　はたらく車 …………………………………… 108
1）塵芥車　109
2）高所作業車　115
3）消防車　119
4）コンクリートポンプ車　124
5）汚泥吸引車（強力吸引車）　130
6）フレーム付きフロントエンジンバス　134
第３章　架装検討と架装性 ………………………… 143
1　ボディの大きさとホイールベース ………… 144
1）モジュールとユニット　144
2）ボディ長とホイールベース展開　144
2　搭載検討と重量検討 ……………………… 148
3　搭載検討の実際 ………………………… 149
1）既存シャシと新規ボディの組み合わせ　149
2）既存のボディとの組み合わせ　156
第４章　ボディ搭載 ……………………………… 161
1　搭載工事 ……………………………………… 161
1）シャシ可動部の間隔　162
2）熱影響　164
3）工事の禁止事項　165
4）サブフレームと締結　166

2　改造工事（ホイールベース延短長）…………175

1）フレーム改造方法　175

2）プロペラレイアウト　177

第５章　架装物への動力供給　…………………………181

1　エンジン直接駆動　……………………………181

1）冷凍コンプレッサ　182

2）ジェネレーター（ACG）　183

2　PTO ／ 種類と特徴……………………………183

1）フロント PTO　184

2）フライホイール PTO　185

3）中挟み PTO　187

4）トランスミッションサイド PTO　188

5）トランスミッションリア PTO　191

6）トランスファー PTO　192

コラム　右か左か？（3）『エンジンはどちら回り』……… 194

3　PTO の必要出力とコントロール ……………195

1）架装物の駆動（ギアポンプ）　195

2）直接駆動仕事　198

3）走行ガバナと特装ガバナ　203

4）もう少しガバナのはなし　205

5）外部アクセルコントロール　205

参考文献／参考資料　210

謝辞　211

第1章

商業車のビジネス

1　トラックは生産財

私が社会人になった1975年頃、大型トラックのメーカーはいすゞ自動車、日産ディーゼル、日野自動車工業、三菱自動車工業の4社で、日産ディーゼルはその名の通り日産自動車のグループ、いすゞ自動車と三菱自動車工業は乗用車も作っていました(1)。業績などが報道されるときは乗用車メーカーを含めて、たしか「自動車会社12社」とグルーピングされていたように記憶しています。その後数々の変遷を経て、日産ディーゼルはUDトラックス、三菱自動車工業は三菱ふそうトラック・バスと名前も変わり、今では4社は商業車専業となって最近は「トラック4社」と呼ばれることが多いようです。

トラック4社とその他では何が違うのでしょうか？ 作っているものが違う、乗用車と商業車……その通りでしょう。では乗用車と商業車の違いは何でしょうか？ 色々な意見、見解があると思いますが、一番の違いは（耐久）消費財と生産財だと私は思っています。

乗用車はライフスタイル、楽しみや趣味を実現、追求させるもので、トヨタ自動車のキャッチコピー“FUN TO DRIVE, AGAIN.”や、各社のCMが車両そのものの訴求とは別に、車のある生活や時間といった感性に訴えていることなどが、よく表しているのではと感じています。一方商業車は物を運ぶ、作業をすることにより対価を得る仕事の道具です。ちなみに、あまりその会社の従業員以外は触れることはない話ですが、商業車メーカーが掲げている企業理念、基本理念は、いすゞ自動車は“「運ぶ」を支え、信頼されるパートナーとして豊かな暮らし創りに貢献します”、日野自動車は“人、そして物の移動を支え、豊かで住みよい世界と未来に貢献する”であり、エンジンでタイヤを回して走る、同じ自動車であっても、乗用車メーカーとは違いがありそうなことは想像できると思います。

またユーザーも乗用車と商業車では期待性能、要求品質、購買行動はかなり異なっています。

トラックは走行するために、動力を供給するための装置部分であるシャシと、荷物を載せ、仕事をするためのボディで構成されています。ユーザーは自分の商売や仕事に合ったトラックを購入・使用したいわけですが、トラックメーカーは基本的にシャシまでしか作っていません。ボディはボディ専門のメーカーが存在し、その会社が作製(販売も)しています。

<table>
<tr><th colspan="2"></th><th>乗用車</th><th>商業車/トラック</th></tr>
<tr><td colspan="2">特徴</td><td>消費財</td><td>生産財</td></tr>
<tr><td colspan="2">使用期間</td><td>3-5年</td><td>7-10年（以上）</td></tr>
<tr><td colspan="2">購入目的</td><td>趣味・ライフスタイル追求</td><td>道具・経済活動</td></tr>
<tr><td rowspan="3">顧客像</td><td>顧客層</td><td>不特定多数</td><td>特定少数～特定多数</td></tr>
<tr><td>購入者と使用者</td><td>同一</td><td>異なる（購入は会社、運用は社員）</td></tr>
<tr><td>気質</td><td>たくさんの情報の中から自分で選んだ。
期待性能とのギャプは落胆しても自責。
買換えの選択肢が豊富。</td><td>仕事、利益に直結するため要求は厳しい。
道具を勧めた側が責められる場合もある。
途中買換えは僅少。</td></tr>
</table>

乗用車と商業車のマーケットの違い

2　シャシから車両へ

トラックは、シャシと架装物という2つの構成要素を組み合わせて車両に仕立て上げる必要があります。この流れを、「シャシメーカーから出荷されたシャシに、架装メーカーでボディを搭載し、登録します」と物の流れの視点では、その一言で済んでしまいそうなことなのですが、この“車両にする”という行為そのものが商業車のビジネス視点での特徴の一つでもありますので、本書のイントロとして各段階で必要なこと、行われていることなどについての説明から始めましょう。

あなたが日本で「今度新しい自動車を作りました。画期的な技術を反映した私の自信作です。ナンバープレートを下さい」と陸運事務所に行ったとします。すると「頑張りましたね。でも陸運事務所のレベルではその車両が国の定める全ての基準を満足しているか物理的、技術的に評価できませんので、適合しているという証明を提出して下さい」ということになります。この「適合している」という証明とそれが「適正と国が認めました」というお墨付きを得ることを認証取得と言います。当然この行為はシャシの製作者(海外製の場合はその現地法人や輸入者)が行います。

搭載するボディは架装メーカーがお客の要望に従い、搭載するシャシのサイズや国の寸法重量基準に合わせて自社の製品群の中から選択したり、新たに設計したりして作製し搭載します。この段階でシャシへの搭載可否や締結方法(シャシとどのように固定するか)、搭載後の寸法重量などを求めることを「搭載検討」と言います。成立性や概要を事前に把握しておきたいときにシャシメーカーで行うこともありますが、基本的には架装メーカーの仕事です。

海外では登録にあたって、この搭載検討の結果についてシャシと同じように事前の届出(認証)を求めているところもあり、これらの国では作成と届出も架装メーカーの仕事となっている場合もあり、これらのケースでは結果的に架装メーカーが登録可否のキャスティングボートを握っていると言えるかもしれません。

完成した車両と、その内容を表している図面、計算結果等の技術的な書類や、認証に関する書類などを添えて登録検査を受け、晴れて登録、納車となるわけですが、これらの実際の業務、すなわち登録に向けての各作業や準備の日程と進捗の管理、調整が販売会社の仕事といえるでしょう。

このように「シャシメーカーから出荷されたシャシを架装メーカーでボディを搭載し、登録します」という行為・作業には、大きくは技術的な側面と、その国の制度に適合させるといった法令・規制適合の2つの内容を含んでいます。初めにゲームのルールを知る、という視点で法令や基準を理解しておくことは重要です。

3　商業車のビジネスに関わる法律・規制

どこの国にも自動車に関する法律、規制があります。トラック（商業車）が影響を受ける法律や、規制の最も上位には国による認証という排気ガスや安全性能等の基準がありますが、ここでは割愛して、完成したシャシと架装物を組み合わせた車両の登録や運用に関する事柄に絞って話を進めると、車両の寸法、重量に関するもの、運用時の乗り入れ規制、運転免許などが該当します。海外ではさらに安全、経済効率性、また国によっては自国産業保護の視点で制定されている法律や規制もあるようですが、主な内容を日本の例を軸に述べていきたいと思います。

1）寸法と重量

日本の寸法、重量に関係する法令は、車両そのものの安全視点で定めた道路運送車両法の保安基準の他、国民の財産である道路や橋梁の安全運用視点での道路法の車両制限令、および交通安全視点での道路交通法の3種類があります。少々複雑ですが保安基準を中心に大括りに話を進めます。

土木やその分野の専門家以外は、普段の生活範囲内ではほとんど気にしたことはないと思いますが、道路や橋は、品質統一や工事の効率、円滑な交通などのため、決められた規格や基準に従い作られています。例えば橋梁は何トンの重さまで耐えられるか、道路は何トンの荷重が集中しても穴が空かないか、道路幅は車幅と長さが何mの車が交差点やカーブではみ出すことなく回れるか、信号機や歩道橋は地上から何mの高さにするかといったようなことです。

日本ではこれらの事柄は道路構造令で定められており、また橋梁はTL20、TT43と

項目			基準	備考
寸法	全長	車両	12m以下	
		ROH/WB比	バン 2/3 以下	後扉が扉形状時のみ
			その他　1/2 以下	
		FOH突出	1m以内	クレーン、高所バケット等
	全高	車両	3.8m以下	バン等の車両として
		積荷	4.1m以下	積まれた荷物の上端
	全幅	車両	2.5m以下	
		キャブ幅段差	100mm以内	ボディ最外側～キャブ本体
	最小回転半径		12m以下	
重量	総重量		MAX 25トン	WBによる
	軸重	1軸	10ton 以下	エアサスペンションのトラクタに限り11.5トン以下
		複数軸	9,5トン-10トン	
		タイヤ負荷率	100%未満	
		空車時前軸重負担割合	20%以上	
	最大安定傾斜角		空車35度以下	

車両の寸法と重量に関する規制値
（道路法／道路交通法／道路運送車両法より）

いった活荷重（交通物の荷重）計算が技術基準として用いられています。

全長、全幅、全高の各数値基準はこれらの道路や橋梁の（安全）規格をベースとしており、各国でその値に大きな差はないようです。ただし、これらの数値は最大値であり、これらを基本に運用の段階で免許、税金、総重量（クラス）により上限が定められている場合があり、分け方、数値は各国により独自です。少々変わったところでは、アメリカでは、ホイールベースと軸重、車両総重量の上限値は州により異なり、ハイウェイの州境にはweight station（秤量所）があり、トラックはその州に入るにあたり、必ずそこへ立ち寄り、軸重と軸間距離を計測し、必要に応じて（主に軸間距離の）調整を行っています。当然のことながら総重量を超えた車両はその州に入ることはできないのですが、故意ではないエラー対策として“Over load permit”という道路負荷の増加に対する、言ってみると過積割り増しの制度もあるようです。

寸法に関してフロントオーバーハング（FOH）突出量を定めているのは日本独自なようですが、リアオーバーハング（ROH）比率はかなりの国で存在しています。キャブ幅段差に近いものとして、タイヤ最外側と荷台（車両最大幅）との段差を規定している場合、安定傾斜角に近い考え方として、全高とアクスルトレッドの比率を規定している場合などがあるようです。またこれらの基準はトラックにはないがバスでは存在する、トラックとバスで数値が異なるなど、架装物により異なるというケースもあり、注意が必要です。

日本では車両総重量の上限は、その橋の設計耐重量に対して橋の中に何台の車が同時に入れるかという橋梁照査(Bridge Formula)の考え方を取っています。この考えでは長い車ほど入れる台数が少ないので総重量は単車ではホイールベース、連結車では最遠軸距により異なり、長い車は短い車よりも総重量は大きくなります。海外ではホイールベースに関係なく総重量は軸数に従う国が多いようです。軸重に関する規制も多くの国では存在しているようですが、単独で定められたもの、軸数により異なるもの、サスペンションにより割増を認めているケースなど様々です。

タイヤ負荷率は、タイヤが耐えうる荷重に対する比率という、いわば世界共通の物理的な値ですので、登録時に何らかの形で重量寸法の届け出を必要とする国では存在しています。空車時前軸荷重負担割合を制定している国は少ないようですが、ハンドルの効きに関わる安全の値ですので配慮が必要で、プレス式の塵芥車など積荷が後から増えてくる場合には、安全面で厳しいことがあります。

またこれらの数値には登録時に製作上の誤差を認め、その誤差率を定めている国もあり、カタログにはその誤差値を最大許容値と見なして織り込み、基準値よりも大きな値を記載しているケースなどもありました。

2)運転免許

免許によって運転できる車の大きさ、種類が異なるのは世界各国同じですが、区分と資格、また取得難易度はかなり差があるようです。

日本では大きくは原動機付自転車(原付)、二輪、普通、中型、大型と牽引の6区分と、原付を除くそれぞれに自家用と旅客営業の2種類があります。諸外国では国際免許証の資格区分に見られるような、二輪、乗用車、トラック、バス、牽引の5区分が多いようです。

3)都市乗入れ制限

日本では、大阪の3トン以上の貨物の進入禁止、東京の土曜夜間の環状7号線内

区分	車種	二輪			乗用						貨物自動車				連結車	資格試験	
					自家用	営業	自家用	営業	自家用	営業							
免許	基準	排気量			定員						車両総重量					学科	実技
		~49cc	~499cc	500cc~	10人以下		29人以下		30人以上		3.5トン未満	7.5トン未満	11トン未満	11トン以上			
二輪	原付	●														●	
	中型	●	●													●	●
	大型	●	●	●													●
普通	一種	●			●						●					●	●
	二種	●			●	●					●						●
準中型	-	●			●						●	●					
中型	一種	●			●		●				●	●	●			●	●
	二種	●			●	●	●	●									●
大型	一種	●			●				●		●	●	●	●		●	●
	二種	●			●	●	●	●	●	●	●	●	●	●			●
牽引	一種/二種														●		●

日本の運転免許区分

種類	運転することができる車両	必要な日本の免許
A	二輪の自動車（側車付きのものを含む）、身体障害者用車両及び空車状態における重量が400kg（900ポンド）をこえない三輪の自動車。	大型自動二輪（AT限定含む）・普通自動二輪免許（AT限定・小型限定含む）
B	乗用に供され、運転者席のほかに8人分をこえない座席を有する自動車又は貨物運送の用に供され、許容最大重量が3,500kg（7,700ポンド）をこえない自動車。この種類の自動車には、軽量の被牽引車を連結することができる。	第一種 大型自動車・中型自動車・普通自動車免許（AT限定含む）
		第二種 大型自動車・中型自動車・普通自動車免許（AT限定含む）
C	貨物運用の用に供され、許容最大重量が3,500kg（7,700ポンド）をこえる自動車。この種類の自動車には、軽量の被牽引車を連結することができる。	第一種 大型自動車・中型自動車免許
D	乗用に供され、運転者のほかに8人分をこえる座席を有する自動車。この種類の自動車には、軽量の被牽引車を連結することができる。	第一種 大型自動車・中型自動車免許
		第二種 大型自動車・中型自動車免許
		第二種 牽引免許

国際運転免許の区分

側の大型自動車走行禁止等がありますが、明確に規制と公表されていなくても、3トン以上通行禁止の交通標識が主な道路に設置されており、そのエリアには入れないという形での規制がされているケースもあります。その他にも諸外国ではその都市の成り立ち

(道路幅他)、交通量により、ある環状線以内など特定のエリアに対して、渋滞対策や事故対策目的で朝晩や土日は不可、もしくは夜間のみ可などの時間帯制限や、積載量(総重量)やリアタイヤ数(シングルタイヤかダブルか)による一律、または許可制による台数制限を行っているケースが、特にアジアの諸都市で多く見られるようです。

4)税制

総重量、もしくは積載量に対してトン当たり金額が一般的ですが、諸外国では車両形状、用途に対して細かく区分されているケースも多いようです。これらのケースではかなり政治的な配慮がされ、事実上の登録制限としているケースも見られます。また政治的な要因で頻繁に改定されることも多く、注視が必要な制度です。

4　認証と登録

自動車を登録するときには、安全や環境などに関する(技術)基準を満足していること、また定めた大きさや重量の範囲に収まっている事を証明する必要があります。

乗用車など、工場から出荷された状態が自動車として完成されたものは、製造者がこれらの証明を行います。しかし、トラックはトラックメーカーからキャブ付シャシの状態でラインオフされ、これに主に架装メーカーがボディを搭載しトラックとして完成させます。

つまり2社(以上)が関わる行為であるため、安全基準を始めとする法令、製品保証等の観点での責任範囲が不明確な状況になることを避けるためのルールが定められています。

各国によりそのルール内容は多少異なりますが、考え方を理解するという視点で、日本の例を中心に、海外の事情や、シャシメーカーがボディを搭載している完成車と呼ばれる形態について少し説明します。

1)日本の車両認証制度

陸運事務所で全ての車両が環境、安全を始めとする技術基準と、寸法重量の適合可否を「新規検査」と呼ばれる審査を経て合格すると、自動車登録番号票(ナンバープレート）が交付される仕組みですが、1台ごとに全てを審査することは膨大な時間と費用が必要となるため、書類や、車両の現車確認程度で済むように、製造者や輸入者が事前に基準の適合性について審査を受ける「自動車型式認証」という制度があり、乗用車、商業車を問わず自動車メーカーの量産車はこの認証を取得しています。

認証制度には大きく以下の3型式があります。

・型式指定自動車
・共通構造部（多仕様自動車）型式届出自動車
・輸入自動車特別取扱自動車（並行輸入自動車であって、「指定自動車等と同一」または「指定自動車等と類似」に区分されるもの）

これらの内、商業車（トラック）が利用しているものは、型式指定自動車、共通構造部（多仕様自動車）型式指定新型届出自動車の2つで、共通構造部（多仕様自動車）型式指定自動車は平成26年（2014年）に新しく加わった制度です。

2021年3月までは「新型届出自動車」という制度も存在し、2021年4月より「共通構造部（多仕様自動車）型式指定新型届出自動車」におきかわりましたが、話の理解の参考として新型届出自動車に関しても説明をしておきたいと思います。

①型式指定自動車

乗用車のようなラインオフ後に改造や後工事が行われない等、何も手が加わらず登録される少品種多ロットな車を対象としています。この認証を受けた車両は新規登録に際して、届け出通りの性能と品質（同一性）については、メーカーの出荷品質検査という商品としての検査とは別に、陸運事務所に代わり登録時に必要な検査を工場で代行した車両であるとして実車の確認は省略されます。もちろんその後に重量、寸法の変更を伴うような改造がないことが前提ですが、書類の提出のみで登録ができます。

商業車では、かつては中型の一部や大型のダンプでも型式指定を取得していたこともあったようですが、認証取得に際して実車の確認や性能測定の他に搭載するボディの仕様や、搭載しているボディのメーカーごとに実走行試験を行う必要があるなど、手間がかかることもあって、現在は小型の平ボディやダンプなどのように、ボディの仕様の標準化が可能で、ある程度の需要が見込めるカテゴリで利用されています。

②新型届出自動車

公道を走るために担保されるべき自動車の性能を考えると、排出ガス性能、騒音、衝突やブレーキなどの安全性能など、その自動車の基幹となるシャシに依存する部分と、ボディ搭載後に担保される寸法や重量、安定傾斜角および巻込み防止装置等の安全機構などに大別することができます。

これらのうち“シャシ”の性能部分について自動車メーカーが届出して認証を取得し、登録に際してはボディが搭載され完成された自動車と、いくつかの必要書類を陸運事務所へ持ち込み、現車の寸法、重量などが定められた規格内にあること、巻込み防止や（後部）突入防止機構等の安全機構が適切に配置されていること、および認証された性能に影響がないことを、1台ごとに確認し登録されます。

新型届出自動車の実際の認証とその結果をもとにした“新型自動車の登録”は少々煩雑です。認証に際して“自動車”の名前が示す通り、“シャシ”ではなく何らかのボディを乗せた“自動車”にする必要があります。自動車メーカーは、展開するエンジンやトランスミッション型式、ファイナル比やタイヤ種類、ホイールベースごとにグルーピングした上で、最も軽量で、結果的に積載タイトルが最も大きく取れる平ボディを搭載した貨物自動車として届け出して認証を取得します。

実際の車両の製作にあたっては、製作者は届け出された車両（シャシ）の中から用途にあった仕様を選択し要望のボディを作製し搭載します。登録に際しては、完成し

型式認証

シャシ改造工事　搭載（完成）工事

認証車/保安基準の寸法・重量を超えないこと

届出・登録

- 認証された『車両』の荷台形状変更
- シャシ工事の内容より構造変更
- 実施者が変更書類・改造申請作成
- 登録者（販売店）が登録申請

新型届出自動車

た車両寸法、重量、仕様を表した図面や書類ともとにしたシャシの性能仕様の素性を示している国交省への「届出仕様書」(の必要部分や類別情報)等を、完成した車両とともに持ち込み登録審査を受けます。

このとき自動車メーカーが受けた認証は平ボディ貨物自動車ですので、ボディ形状が異なる場合、実際にはほとんどのケースで荷台形状の変更の手続きを行うことになります。元の車両からの荷台形状の変更ですから、仮に認証取得したときよりも軽い荷台の架装であったとしても、最大積載量、車両重量は元となった車両の認証値を越えることはできません。

③共通構造部(多仕様自動車)型式指定自動車(以降多用途自動車)

新型届出自動車という少々複雑な仕組みは日本オリジナルとも言え、2014年から「製造過程自動車」(いわゆるキャブ付シャシ)の車両承認が追加され、多用途自動車届出制度として制度化されました。大きな考え方は、認証時はシャシ状態でも「車両」として扱うと言うことです。

実際の認証取得(各種性能試験)のためには何らかのボディを搭載し、試験用のロード(重り)を乗せ最大総重量に仕上げる必要があるため、車両を仕立てるという意味での手間は同じですが、認証にあたっての現車確認がシャシ状態で済むことや類別が少なくなる(準備する車両の台数が減る)などの利点が生まれました。

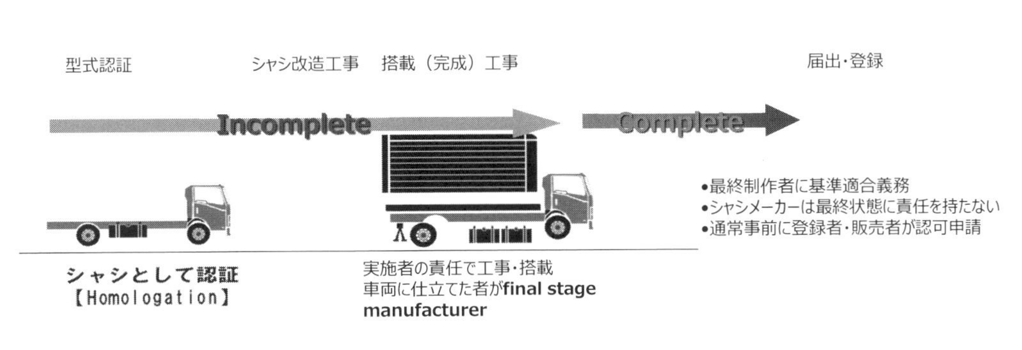

製造過程自動車

登録に際しての実質的な作業の役割分担と書類は、新型届出自動車と差はないのですが、新型届出自動車は元々自動車(シャシ)メーカーが届けた車両のボディを、製作者が載せ替えるので、責任のあり方が曖昧にして日本的な位置付けだったのに対して、製造過程認証では最終的な製作者ができ上がった車両の法規適合性を担保することになり、重量検討計算書や図面等の届出書類に対する重みが異なってきます。また、各架装工事の段階で、工事実施者はシャシとして届け出を行った項目に影響する工事は行っていない旨の証明/宣誓を求められます。

後述しますが、海外ではこの考え方を取っているところが一般的です。

通常、積載量はその届出クラスの法的最大重量から、完成した車両重量を除した値となり、言ってみれば「完成するまで最大積載量はわからない」のですが、日本では免許制度や、保険が積載量で区分されているため、シャシとしての申請時に最大積載量も届出しています。

2)海外の状況

すべての国を見たり、調べた訳ではありませんが、少なくとも私が関わった国や地域を思い起こしてみると、自国の架装業界が未発達であるため、(安全のため)ボディ付き車両の輸入しか認めないという国もありましたが、基本的に先に説明した「共通構造部(多仕様自動車)型式指定制度」の考え方や制度に類似している国が多いように思います。特に先進国と言われる国々はほぼ同じと言っても良いと思います。

これらの国ではシャシを"Incomplete(Vehicle)"、完成までの改造や架装業者を"Vehicles Manufactured in Two or More Stages"、車両として完成させた者を"Final stage manufacturer"と呼んで(定義して)、責任範囲を明確にしています。

海外における認証はType Approval、Homologation等と呼ばれており、主な項目は排出ガス性能や、燃費基準、ブレーキ、衝突、灯火器類等の安全に関わる内容や、狙いとした重量に耐えうる構造を有しているか等の、自動車としての基本的な性能に係る内容で、申請はシャシメーカーやその現地法人、販売権利会社が行います。

審査の対象となる細目やその基準値は各国により異なりますが、キーとなる規制は排出ガス性能と安全基準で、欧州のEuro基準(Euroの後ろに数字を付けて表し、その数字が大きい方が基準は厳しい)を自国の実情に合わせ選択施行している国が一般的です。またこれらすべての国が自前で各性能審査機関や設備を有しているわけではなく、多くはその国が認めた審査会社・機関の審査(基準適合)証明や、その規制値が同等もしくはそれ以上の時は、他の先進国の基準、例えば日本の保安基準、米国のSEAの適合の証明を受け入れている場合もあります。

登録に際しては、完成した車両とその寸法重量とサイドガードやリアバンパー、後部灯火器類等、ボディに依存する安全装置に関する書類を揃え、その場で可否判定等の処理がされる国の他、事前に架装物の届出(認証)が必要な国も多くあります。

その届出の内容は、登録に際して自社のボディを当該のシャシに搭載し、ボディ側要件による安全装置を取り付けた状態の図面と、重量計算書といった架装検討の結果が主で、架装メーカーは自社の商品の展開部分の書類を作製し、登録前に所轄官庁の認可を得るという、まさしく“ボディ認証”です。届出に際して要求される内容や、届出者の資格(実はこれが一番のくせ者)は国により大きく異なり、申請者の資格を問わず行政書士のような代理人がA3一枚程度の書式で作製したもので申請できる国や、ほとんどボディ構造の設計仕様書レベルの内容の提出が必要な国、国が認めた架装メーカーしか申請ができない国、一件あたりの申請料が現地物価ベースで考えるとかなり高額な国など多岐にわたっています。

“ボディ認証”を受ける側の視点でみると、“自社のボディを搭載可能なシャシの追加”であり、販売機会の増大のために必要な作業ですが、高価で需要も少なく、作成メーカーが少ない架装物の場合は、搭載検討の手間などで、無理をしてまで積極的に搭載シャシを増やしたくはない、といった状況がないとも言えません。

いずれにしてもある程度の時間を要することになるので、車両の投入にあたっては、事前に当該国の状況や、書類を作成するのに必用な資料の準備と期間等を掌握するとともに、申請者(現地架装メーカー)との協力関係の構築等が肝要になります。

シャシメーカーと改造、架装メーカーの役割は明確にされていても、シャシメーカーは「後は宜しく」とばかりに売りっぱなしにすれば良いわけではありません。対象国により法的義務やトラブル時の地位防御、商道徳・習慣など、対応する目的のレベルの差はありますが、車両完成に向けての“後工程者”であるVehicles Manufactured in

Two or More StagesやFinal stage manufacturerに対して、不適な改造やボディ搭載によるシャシの性能、耐久性への悪影響の防止や、本来の性能を遺憾なく発揮できるように、工事時の禁止事項や必要な（技術）情報の提供は必須となります。これらのために各社はBody builders guide/manual 等と呼ばれる架装技術資料の提供や検討、届出書類作成用にCAD図の提供や説明会、指導などの対応を行っています。

3）補足　完成車

このようにシャシメーカーが作ったシャシに、別の会社がボディを搭載して販売されることが一般的なのですが、シャシメーカーがボディ付で販売しているケースもあります。

同じ型式の架装物であっても、使用している装置・仕様の範囲まで広げると、大型は母数の少ないことに加え、積荷や荷役形態が幅広く、さらにユーザーの仕様に対するこだわりなども加わり、結果的に専用化する傾向が強く見られます。例えば大型のドライバンでは箱の大きさが同じでも、積荷や荷役に合わせ床の仕様や荷物の固縛装置、装備品などに違いがあり一品一様（一社一様、一営業所一様）に近いのが現状です。一般に車格が小さくなるに従いこの傾向は弱まり、さらに需要も増えるため同一（標準）仕様でカバーできる範囲が広がります。この流れの究極がピックアップトラックのスチールボディかもしれません。

この2つの間に標準的なボディでカバーできる市場や、専用仕様であっても規模が大きな市場、集約・標準化をリードすることにより規模が見込める市場が存在し、これらに完成車と呼ぶ荷台付きの車両を展開（販売）しています。

①工場完成車

完成車には工場完成と営業完成の2種類があります。

工場完成車はシャシメーカーで車両を構成する部品としてボディを計画・設計（実際にはボディメーカーが設計しメーカーは承認）し、その仕様に沿って作製されたボディを購買契約に従い購入して、搭載し、シャシメーカーの検査を経て車両として完成します。小型車の平ボディなど汎用性が高く、ボディ搭載に大きな労力を要しないものが主で、搭載はシャシメーカー工場内が基本ですが、ダンプなど架装メーカーで搭載されるものもあります。このような場合は架装メーカーと必要な取り決めをし、認証申請時に手続きを行うことで届出を行ったシャシメーカー工場の延長として扱われています。ボディは（専業メーカーから購入している）シートや、燃料タンクと同じような車両の一部品であり、設計や製造責任などの製品保証責任はメーカーにあります。

基本的に工場完成は型式指定の認証を受けた自動車ですが、一部変わったところで、大型のトラクタヘッドは架装物の構成要素は少ないのですが、客先仕様により追加装備や変更（改造）を伴うことが多いため、車両の持ち込みが必要な新規届け出となります。

②営業完成車

ある程度需要があり、標準的な仕様を設定できるマーケットで、販売商流の合理化（ワンストップショッピング）、コストダウンなどを目的に、販売会社に代わりあらかじめ架装メーカーと仕様と価格について合意したボディを、架装メーカーの工場で搭載して出荷するというビジネスの仕組みです。

設定されるボディは専用品として特別に製作されたものでなはなく、架装メーカーがラインアップしている一般的な「カタログ品」をもとに（開発ではないという意味での）営業の商品担当部署が、架装メーカーとの間で基本仕様や装備品、選択仕様と価格を取り決めます。新型自動車登録であるため、重量変動を伴うボディの機器、装置オプションも取り入れることが可能になるなど、工場完成車よりも広い設定をすることができます。その後、受発注のしくみや物流の調整を経て商品系列に加わります。

シャシメーカーの商品として設定される訳ですので（先に述べた考え方で言えば“シャシメーカーが車両のFinal manufacturer ”）となり、品質保証は販売者であるシャシメーカーの責務ですが、大きく分けると搭載や締結に伴う内容や法規適合などはシャシメーカーが、ボディ本体に関する内容は製造者である架装メーカーの責任としてあらかじめ取り決め運用されています。

註

（1）日野自動車も1967まで乗用車を製造していました。

第２章

商業車の分類　はこぶ車とはたらく車

トラックの種類を「はこぶ車」と「はたらく車」に分けて話をすることが、理解しやすいためかよく使われています。ここでも説明を2つの車に分けて、ボディの種類と特徴、ボディの仕様を決める荷物の話の順で進めたいと思います。

はこぶ車とはたらく車の分類に決まった基準がある訳ではありませんが、こども向けの絵本などでは、荷台が動くものをはたらく車として扱っているものが多いようで、図表のように機能視点での切り口として構造や仕組みを説明するにはわかりやすいかもしれません。

本書では、トラックは仕事の道具という切り口で、運ぶことによって対価を得ているものと作業によって対価を得ているもので分けてみたいと思います。

日本の貨物自動車運送事業法は「他人、特定の需要に応じて自動車を使用して貨物を運送する事業」と規定しており、その事業を行う車は「緑」のナンバープレートをつけています。ですから緑のナンバープレートのある車種・架装（荷物）をはこぶ車、その他をはたらく車とします。ここではダンプ、ミキサーははこぶ車、塵芥車ははたらく車として紹介したいと思います。ちなみにシャシとボディ、どちらの方が高価か、という分け方

	車両	シャシ	荷台（ボディ）
はこぶ車	■運ぶ	■走る ■曲がる ■止まる	■荷物を載せる
はたらく車	■仕事をする ■移動をする	■動力を供給する	■作業をする

機能視点で見たはこぶ車とはたらく車の特性の違い

もあります。一般にはたらく車の架装物はシャシよりも高額です。

シャシは走る環境とボディの種類で、ボディの形（種類）は積荷で、ボディの仕様は使い方でそれぞれ決まります。

1　はこぶ車

ボディの原点はフラットデッキ、つまり床だけです。全てはシャシの上に床を載せるこ

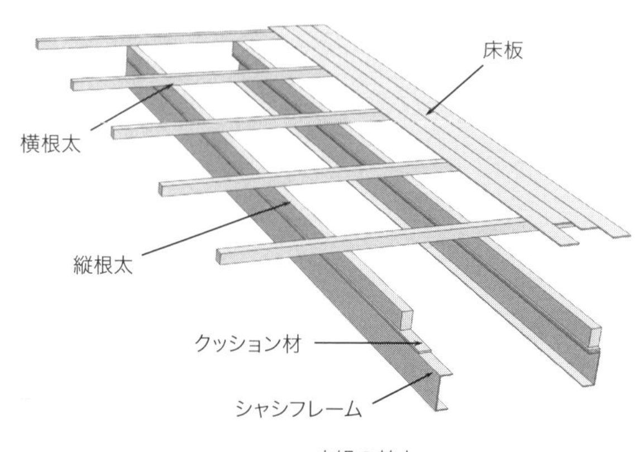

床組の基本

とから始まりました。床載せの基本的な方法は、フレームの上に縦根太（サブフレーム）を載せ、これと直角に横根太を一定間隔で配置し、上に床を張り、必要に応じて枠で囲います。

根太は木材の他、スチールの角材、折り曲げ材などが使用されています。日本では荷台長6m程度の平ボディまでは木製、それ以上やバンなどではスチールやアルミが一般的です。

床板はアピトン（Apitong）という南洋産の木材の使用が一般的でしたが、最近は資源保護・安定供給のため北方材のアカシア集成材の使用や竹の集成材など、代替木材の検討や使用が行われています。その他小型ではスチールも使用されています。

1）平ボディ

平ボディはこのフラットデッキに、荷物が落ちないように周囲に板（アオリ）をはり、前側（運転席側）は荷物が飛び出さない（キャブを保護する）ようにするために鳥居と呼ばれるフレーム構造の枠を設け、前立てと呼ばれる板を張っています。

アオリは荷物の積みおろしのため開閉式が一般的で、開閉箇所により一方開（後

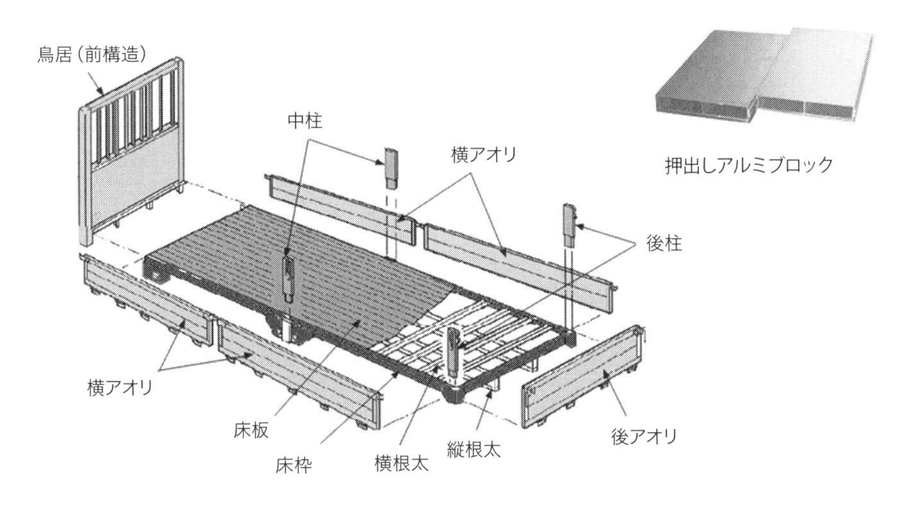

平ボディの構造例
（株式会社トランテックス 平ボディ解体マニュアルより）

方）、三方開（後方＋側方）、五方開（さらに側方を2分割など）などの仕様があります。アオリの材質はスチール枠に木材を組み込んだものが一般的で、日本では重量軽減（積載量確保）のためアルミも多く使われていますが、アルミ材を一体で押出し成形するという比較的高度な技術で作られています。この製造技術は建築用の窓サッシなどと基本的に同じで、専用の設備が必要なこと、当然木材に比べれば高価になるため、海外では一般化している地域は少ないようです。アオリ高さは通常400mm以下ですが、軽量かさ物用途では積荷の落下防止のため1mを超える仕様もあります。

汎用性があり、作製も比較的容易で材料も木材、スチールで済むためほぼ全ての国で国産しています。

新興国など、平ボディ比率の高い国ではステーキカーゴ型と呼ばれる木製ボディがよく見られますが、これは汎用の“何でも乗せる・使う”ボディであり、今後は積荷の荷姿、要求品質等が変わるに従いバン型へ移行する可能性のある予備軍です。

一方、バン型の比率が高まるにつれて、平ボディはバンでは運べないもの、例えば、長尺物、人力でハンドリングができない重量物などの長・重・大・用途と、自家製品の小規模な搬送や、仕事道具など箱型バンボディに載せるほどではないもの用に分化されていきます。重量物、長尺用途ではキャブバッククレーンの併設や、床耐力や対磨耗、固縛強度の確保など専用性が高くなり、鋼材運搬用などではかなり高価になる場合もあります。

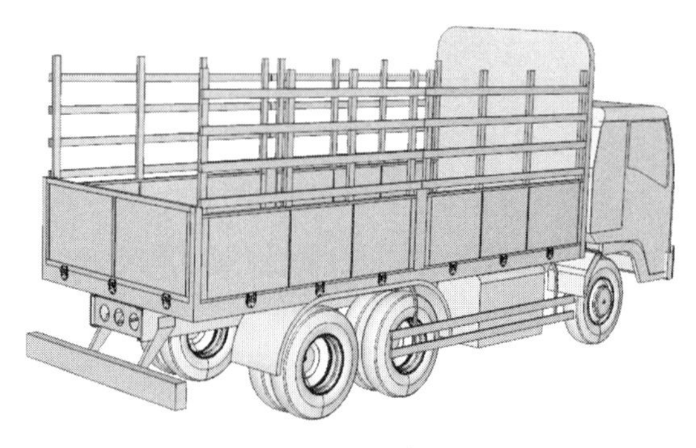

ステーキカーゴの例

2)キャブバッククレーン付き平ボディ

国内では登録時の車体形状分類に「クレーン付き平ボディ」としての区分が存在しないため公式な数字はありません。クレーンメーカーの出荷数などから推定すると、年度により多少の変動があるものの、平ボディとして登録された車両のうち小型の15%程度、中型ではレンタカー種別の平ボディ車のクレーン付きの比率が非常に高いことなどがあり50～60%程度がクレーン付きと推定され、一つのカテゴリとして存在しています。搭載されるクレーンには大きくテレスコ型とローダー型の2つの方式があります。取り付けられる位置は木材運搬（運材）用やフルトレーラ用途で、トラクタとトレーラの両方の作業用などで荷台の後ろ側に架装される場合もありますが、ほとんどはキャブバック（後方）に架装されます。

①テレスコピッククレーン

ブームの伸縮機構から、後述するローダー型に対してテレスコ（テレスコピック）型とも呼ばれます。キャブバッククレーンは、JIS用語では積載型油圧クレーンが正しい名称ですが、日本では主要メーカーである古河ユニックの製品にディスプレイされた社名が市場に浸透した結果、「ユニック」、「ユニック車」の通称が一般化もしているようです。日本では足場や鉄筋などの建設用途のほか、中大型では建機運搬車、小型では造園業などで多く使われています。

クレーンは厚生労働省所管の機械で、つり上げ荷重0.5トン以上のクレーンは移動式クレーン構造規格に従い作製されます。つり上げ荷重3トンを超えると“特に危険な作業を行う特定機械”という扱いとなり、製造段階、使用段階、および移動式（車両に搭載されるものは移動式に分類されます）の設置場所の届出と認証など、厳しい規制に従う必要があります。つり上げ荷重3トン未満のものは定期検査と取り扱い資格を除けば特に負担がないため、ほとんどのキャブバッククレーンは搭載する車格に関わらずつり上げ荷重3トン未満（届出つり上げ能力2.95トン程度）で、ブーム段数は2段から6段程度が展開されています。段数は車格やホイールベース、用途により選択されますが、主流は3～4段です。操作には移動クレーン運転士免許か5トン未満のクレーンの取り扱いを対象にした小型移動式クレーン運転技能講習修了者である必要があります。仕事をす

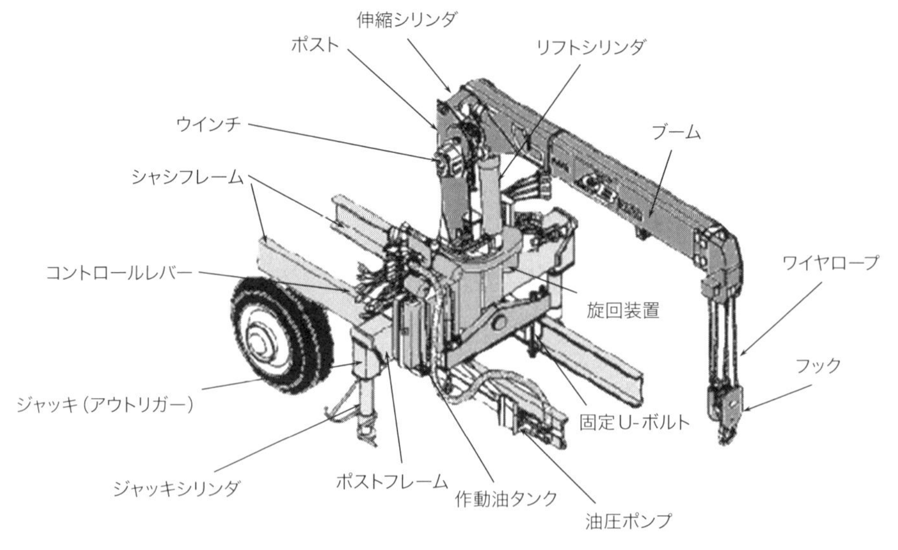

キャブバッククレーンの構造例
（古河ユニック株式会社 架装物解体マニュアルより）

る上では、この運転技能に加え、玉掛けという吊り上げる荷物の形状や重さにより適正な位置にワイヤをセットしフックに掛けるという、安全作業の資格が必要です。そのため運転技能講習と玉掛け講習をセットで行う教習所（多くは建設機械メーカーが運営）が各地にあり、3日程度の講習と実技で取得でき、また取得にあたっては各種助成を利用すると、学費や業種によってはほとんど費用がないため、建設業界を中心に比較的普及している資格です。

フックの巻き上げ、およびブームの旋回、伸縮、起立を行うクレーン本体と、H型と呼ばれる車両幅方向に引き出されるアウトリガー、およびこれらを駆動する油圧機構と操縦装置をまとめたユニットが車両長さ方向で0.6から1m程度の長さにまとめて配置（搭載）されており、油圧ポンプはサイドPTO（パワーテイクオフ）で駆動されます。アウトリガーは吊り下げ能力やブーム長さ（段数）の大きな機種では車両後部にも装着されるものもありますが、ほとんどは前側だけで、構造の簡易化、軽量化のため車両幅方向への引き出しは油圧ではなく手動式が一般的です。また中大型の建設機械運搬車に架装される場合は大型、ロングストロークのアウトリガーを使用し、搭載時の荷台傾斜用と兼用させています。

操作機構はクレーン側方の両側に設置された油圧バルブの操作レバーで行われますが、最近は無線式の操作機が一般的で、玉掛けとクレーン操作が一人で行えるため効率的で普及しています。フックは走行中安全のため振れないようにする必要があり、かつてはバンパーやボディの一部にワイヤをかけ張ることもありましたが、その後はフックの自動格納機構が一般化され巻き上げ状態で格納固定されています。

車両への搭載は、通常はキャブバック位置に機器が搭載されたサブフレームをU-ボルトで固定しますが、ボディ後端（リアオーバーハング）部に搭載されることもあります。キャブバック付近はフレーム最弱部になるため補強を行う必要があり、クレーン専用として設定された車型には事前にフレーム補強されているものもありますが、通常は架装時にフレーム外側に補強を行います。

搭載にあたっては、ブームの格納方向により軸重配分（負担率）が異なり積載量に違いが出るため、車検時に格納方向を規定する必要があります。一般的には前軸負担率に余裕を持たせるため後方格納の車型が多数派ですが、総重量15トン以上の

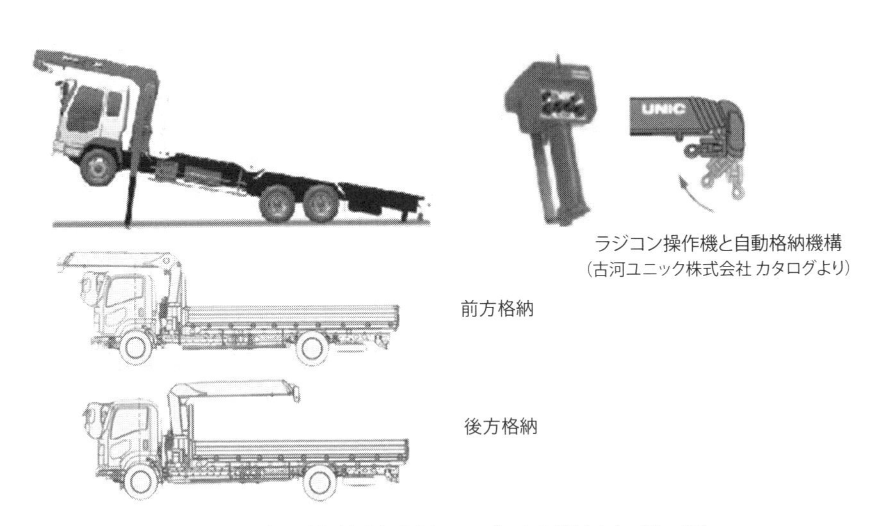

建機運搬車アウトリガーの例（上左）とクレーンブームの格納方向（中、下）

2軸車では後軸に余裕が少ないケースがあり、前方格納で架装される車型もあります。前方格納式での搭載にあたっては保安基準上搭載物（架装物）の前端が車両本体から1m以内に収める必要があり、機種や搭載位置に注意が必要なケースがあります。

荷台はクレーンが搭載されたスペース分だけ標準的なボディよりも短くなります。特殊なボディでは架装後にボディを作製搭載することもありますが、初めにボディ付きの完成車を用意し、後端位置を基準にボディ長さを調整して、前側を切断して再搭載するケースが一般的です。

②ローダークレーン

日本ではトラックに架装される小型クレーンの大部分は前述したテレスコ型で、ローダー型は一部特定用途で使用されているだけですが、海外では日本のクレーンメーカーが輸出している地域を除けばこちらが主流です。

基本的な構造はテレスコ型と同じですが、ブームの途中で折り曲げることができ、フックの巻き取り機構はありません。クレーンと言うよりもマニュピレーター（ロボットアーム）のような動きと使い方をします。先端部まで油圧配管がされている仕様もあり、それらではアタッチメントを交換して、フックのほかグラップルやバケットを取り付け“掴む”作業を行うこ

ローダークレーン例
（日本パルフィンガー株式会社および同社HPより）

とができます。日本では初めからこの“掴む”機能を持たせ、木材運搬やダンプと組み合わせることで産業廃棄物処理で使用されています。これらのアタッチメントを取り付けた作業では、作業者が荷物とクレーンの間を移動する必要はなく、また作業位置は高い方が状況の見通しが良いため、旋回ポストの上側に運転（作業）席を設けています。

基本的な搭載（架装）方法はテレスコ型とほとんど同じですが、格納はブームを折りたたみ横向きにされるため、テレスコ型よりもスペースが必要なほか、大きなアタッチメン

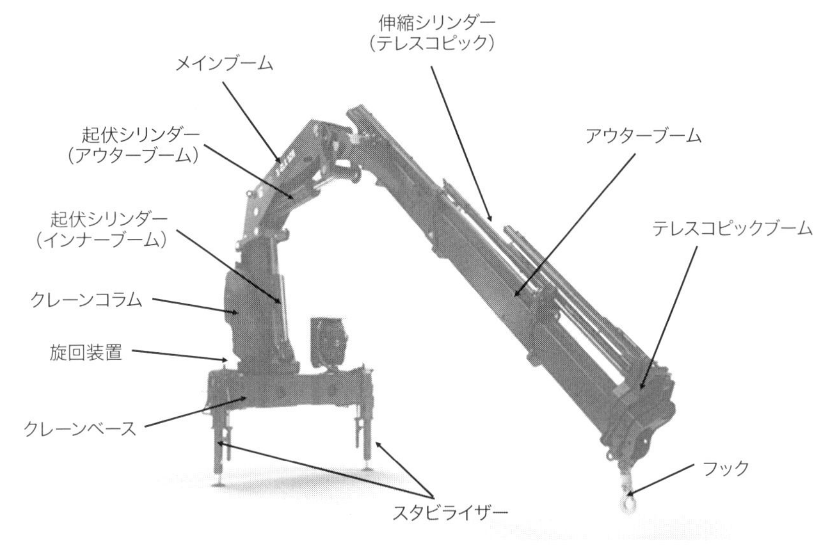

ローダークレーン構造例
（カーゴテック・ジャパン株式会社（Hiab）X-LCX528 型）

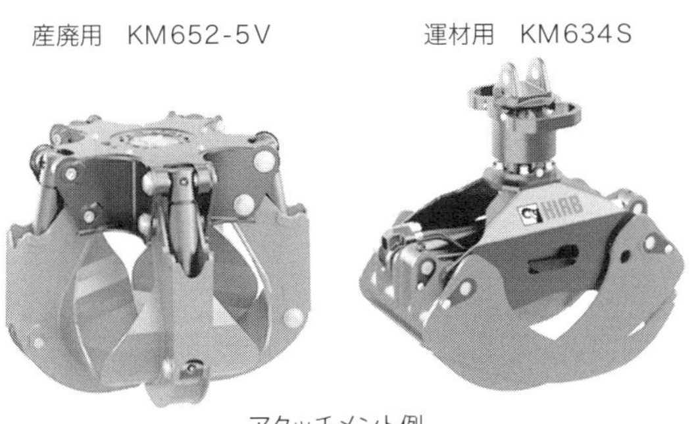

アタッチメント例
（カーゴテック・ジャパン株式会社（Hiab）HP より）

トを取り付けた場合にはそのスペースも加わり、エアタンクや排気装置位置付近まで格納スペースが必要となる場合が多く、架装のためには専用の排気レイアウトや機器移設が必要となる場合が多くあります。

その他、テレスコ型にくらべ作動のために使用する油量は多く、また動きも早いため大きな油圧ポンプを使用していることもあり、出力の大きなPTOが必要な場合があるので注意が必要です。

海外ではHIAB、PALFINGERなど有力装置メーカーが代理店を通して架装メーカーへキット販売を行なっており、比較的広く流通しています。

3)ドライバン

ドライバンは「床」の上に両壁(サイドパネル)、前壁(フロントパネル)、後ろドア構造(リアウォール)と天井(ルーフパネル)の6面を接合した"面体"として強度を持たせた応力外板構造(モノコック)をしています。

各パネルの素材には、アルミをベニア合板で補強したものが最も一般的で、サイドパネルは強度を高めるために波状(コルゲート)に加工された板が使用されることが多く、

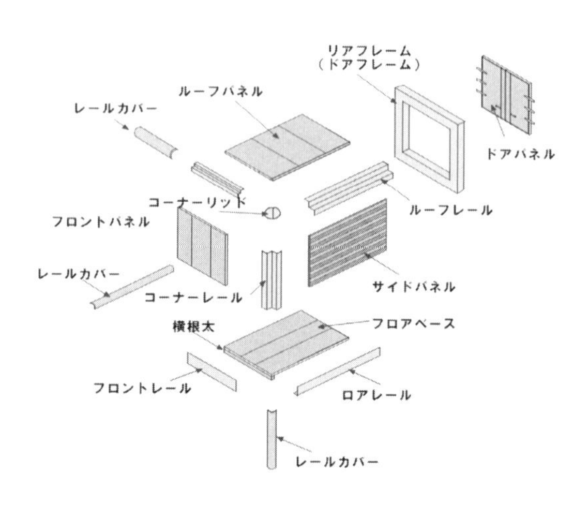

パネルバンの構造イメージ
(概略構成を示す。詳細構造、名称は各メーカーにより異なる)

ルーフパネルは重量増による高重心を嫌い、合板補強を行わないこともあります。後ろドア構造は門構(もんこう)とも呼ばれ、ドアを入れる構造上、枠だけで充分な強度を持たせる必要があり、折曲げ鋼材やアルミ成形材でフレームを作り、中にベニア材補強されたアルミのドアを組み込みます。

後ろドアは両開きの観音型が一般的ですが、後方の作動(作業)スペースを少なくするために、3枚、4枚として折りたたみ構造とした仕様や、シャッター式のロールアップなどがあります。また側面にドアを設ける場合もあり、日本では作動スペースを少なくするためスライド方式が一般的ですが、比較的高い技術が必要なため、海外では普通の横開きドアも多く見かけます。

パネルの構造は概ね住宅(和室)でお馴染みの障子のイメージで、枠の外側にアルミをリベットで止め、内側に内装(内板)を兼ねたベニア合板をビス等で止めています。ただし、障子は外枠で強度を持たせていますが、ボディパネルの枠や桟はアルミやベニア合板が撓まない程度の働きしかなく、強度は外内板に持たせています。

最近日本ではアルミコルゲート外板にかわり、看板装飾のしやすさ、外観や見た目のきれいさ等で外板に平板の白いカラーアルミを用いた「フラットパネルバン」が増えています。

これらのパネルの一般的な組み立て方は、各面体を専用のアルミ製のレールやポストを使用して固定されることが通常で、床構造部にボディレールを介してサイドパネルを

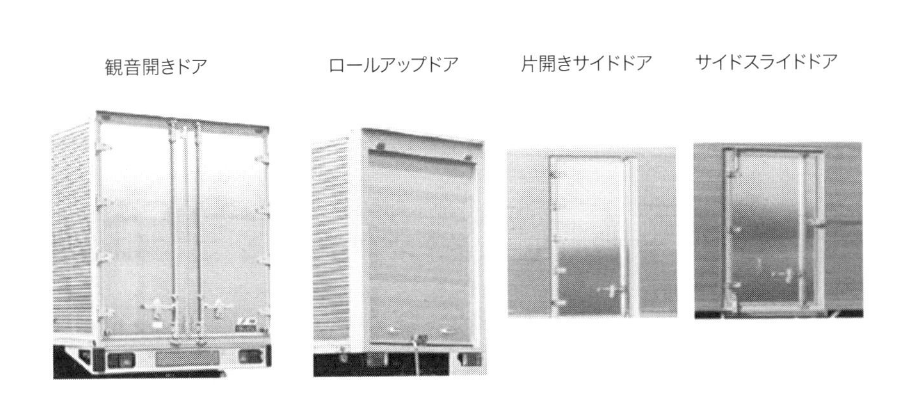

後ろドアとサイドドアの種類
(いすゞ自動車株式会社カタログより)

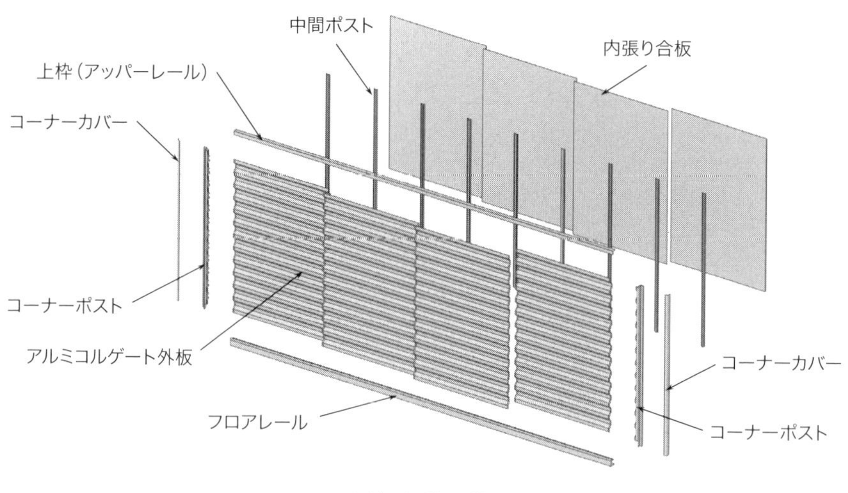

コルゲートパネル構造例

固定し、次いでフロントパネルとサイドパネルをコーナーポストを介して、ルーフパネルはアッパーレールを介して門構とフロントパネルおよびサイドパネルに固定されています。

バンボディの効用は突き詰めると屋根がある、鍵をかけられる、の2点に集約されると思います。いずれも荷物視点のメリットで付加価値のある高価な荷物の搬送、つまり製品搬送が増えるに従い拡大していくカテゴリです。一方、技術的な課題としてボディ重量は平ボディに比べ重くなり、実積載量が減少し、重心高も上がるため最大安定傾斜角も不利方向になるため、軽量化の必要があります。

パネル工法は各パネルやレールの製造寸法精度が品質の重要項目ですが、一つひとつのパネルを職人技で高精度に組み立てると言うわけではなく、ある精度ででき上がったパネルを普通に組めば目標の製品が完成する、という量産性を考慮しています。その1つがプレファブリケーション工法で、そのためには素材をバラツキなく加工するための装置（機械）が必要で、その加工設備への投資が必要になります。

この工法は米国フルハーフ社などから導入された技術で、欧米諸国および欧米の架装メーカーが技術供与もしくは進出した国では一般的ですが、それ以外のパネル材製造、面体接合技術に明るくない新興国では「鳥カゴ式」[2]と呼ぶ、箱型にフレーム組

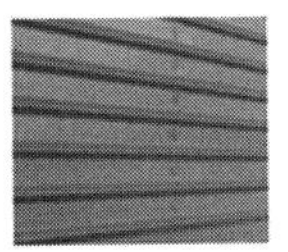

アルミコルゲート

アルミコルゲートと施工の例
(いすゞ自動車株式会社カタログより)

アルミ複合材と施工の例
(いすゞ自動車株式会社カタログに加筆)

みをして外板を貼った構造をよく見かけます。

パネル工法と鳥カゴ式の中間的な方法として、新興国の一部では芯材にハニカム材や、30〜50mm程度の発泡ウレタンや発泡スチレン(XPS)を使用し、外板にはFRPや亜鉛メッキ鋼板を接着したパネルを用い、面体構造としたバンが作られています。

また、少々変わったところでは、インドネシアではアルミ原料産出と水力資源を利用し

鳥カゴ式の例（東南アジア某国にて）

アルミブロック組立式バンの例（インドネシアのボディビルダーにて）

たアルミ精錬・加工が発展していることなどから、アルミの押出材を利用したブロックバンがあります。作製している架装メーカーも多く、組立工法も各社で雑多ですが、小型を中心に中型の一部でかなりの比率を占めています。

鳥カゴ式はこれらのパネル工法に比べ重く、重心も高いのですが、労働力の安い新興国では価格競争力等の問題か、それとも要求市場が未成熟なのか、正確な調査資料があるわけではありませんが、思っていたよりもこの方式をとっている国は多いようです。

4)側方荷役車(側面開放車)

バンのデメリットの一つとして、荷役方向が後方(サイドドア仕様では加えて側方1ヵ所)に限定されることがあげられます。この対応としていくつかの側方荷役に対応したボディが生まれました。現在日本では大型バン型の7割以上がウィングボディで、トラック物流の主力となっていますが、このウィングボディは日本独自であり、海外では現地進出の日本企業の要望で導入され始めたものを除けば、全くと言って良いほど見ることはなく、側方荷役車はカーテンスライド式が一般的です。様々な理由が考えられますが、フォークリフトによる荷役という同じ目的にも関わらず、異なった手法にたどりついたことには興味をひかれます。

①ウィングボディ

床に前立てと呼ばれる鋼材製のフレーム、後ろに門構を立て、その間をセンタービームと呼ばれる骨材で天井位置の左右中央で結び、このビームにヒンジで取り付けられたL字型のルーフとサイドを兼ねたウィングパネルが、油圧機構で開閉を行います。この動き・形状がカモメの翼(ガルウィング)に似ていることが名前の由来です。

一般にウィングの範囲はサイドパネルの三分の二から四分の三程度で、その下側はアオリがカバーしています。ウィングパネルはドライバンのルーフパネルとサイドパネルとほぼ同様の構造で、フレーム枠と中間補強材に外側にはアルミコルゲートのパネルを貼り、内張りにベニア合板を使用したものが一般的です。アオリはアルミ製で押出し成形されたブロックを複数組み合わせ、ボディ長の長いものは中間で分割(4方開)され、後ろドアはプラットホーム荷役にも対応できるよう両開き観音式になっています。ウィングの開閉は車両のバッテリーを電源とした電動油圧ポンプを駆動しシリンダを作動させています。中小型ではウィング部分に防水キャンバス地を使用し、開閉を手動で行う型式の簡易なウィングボディもありますが、キャンバスの汚損耐久性や、思ったよりも軽量、安価にな

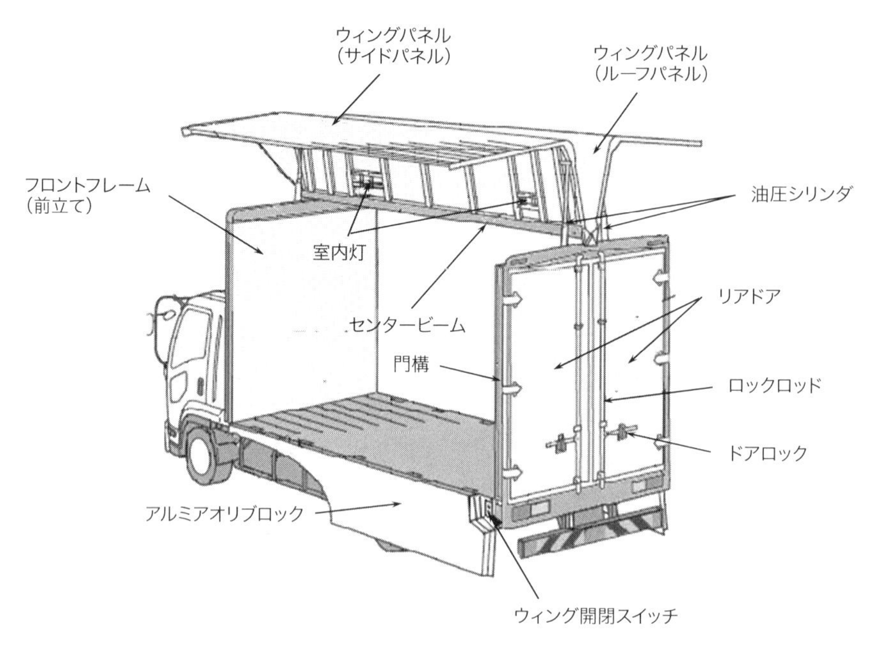

ウィングボディ構造例
（いすゞ自動車株式会社カタログより）

らないなどの理由であまり普及には至っていません。

外観が箱型のためか、日本の登録分類ではバン型ですが、構造的には平ボディに柱を建てウィングパネル（ルーフパネル）を吊り下げたものと言えます。大型用ではウィングパネルは9mを超え、それなりの重量になります。この重量を支え円滑に開閉させるためにはセンタービームの水平が重要で、ウィングパネル取り付け時のたわみを見込みあらかじめキャンバー（上側へそり）をつけるなど各社工夫がこらされています。他方、センタービームを用いない構造のボディを作製しているボディメーカーもあります。また段差などで車両が捻れたときには、バンのように外板が面体として力を受けているわけではなく、柱とパネルは別々の動きをします。

これらの動きはウィングの密閉不良やパネルの破損などにつながり、また構造上重くなりがちなため、軽量高剛性な骨格構造と動きを吸収できるしなやかなウィングパネルが求められ、これらの成立性が大きな技術ポイントです。

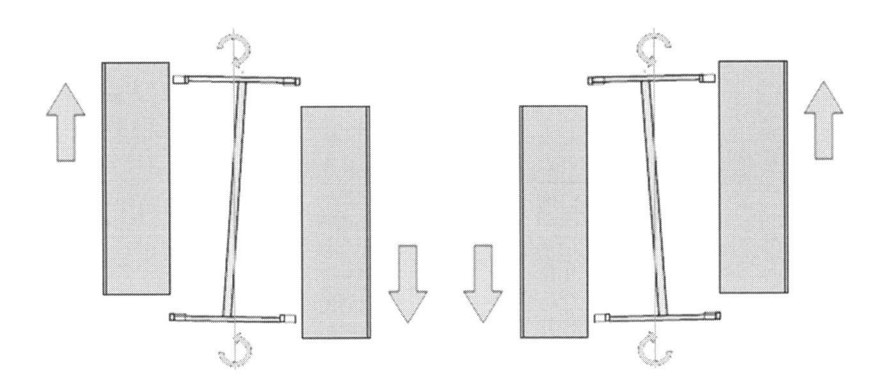

構造骨格がねじれ方向の動きをした時、センタービームに吊り下げられたウィングパネルは前後方向の挙動をする。

ウィングパネルの挙動（模式図）

②カーテンスライド

日本ではパブコ社がトートライナー（Tautliner）の名称で商品化しているためこの名前が流通していますが、海外含め一般名称は、開発社である英国Boalloy社の商品名「curtain sided（trucks）」です。

床に前立てと門構をたて天井を張ったボックス構造荷台の側面を、カーテン開閉式としています。後扉はプラットホーム荷役のため観音型が一般的ですが、海外ではロールアップや扉の全くない仕様も見かけます。構造が比較的簡易かつ軽量で、開閉時の作業スペースが不要などのメリットがありますが、荷台への雨水侵入、シートの汚損耐久、開閉時のカーテン固定（個縛）の煩雑さや、防犯上高価な製品輸送には嫌われる傾向もあり、日本では外資系の物流会社など特定の会社、積荷で見かける他はあまり多くはありません。

しかし、海外ではかなり一般的な形状で、欧州では陸上（トレーラ）、鉄道、船舶の複合輸送（モーダルシフト）に対応する規格化されたコンテナも存在するようです。新興国ではバンや側方荷役の比率そのものが高いわけではないので、日本のウィングボディほど見かける機会はありませんが、飲料、特にビール業界は世界的な企業グループが

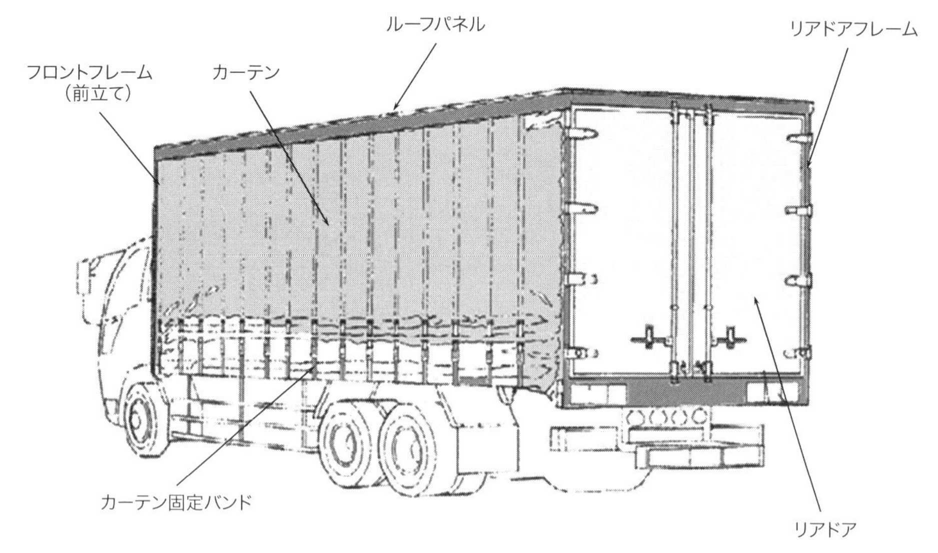

カーテンスライド式ボディ例
（株式会社パブコ　トートライナー解体マニュアルより）

各国に進出する際は、工場設備の他に物流のシステムを含め進出することが一般的で、製品のパレット輸送用でよく見かけます。

③10ドア（テンドア）

床に前立てと門構の間をフレームでつなげたボックス構造で側面が側方荷役用に4枚開きのドアになっています。これに加え後の両開きのドアと合わせて10枚のドアで構成されていることがネーミングの由来です。

タイが発祥の様子で、日系の会社がウィングボディを持ち込もうとしたところ、工場や倉庫の天井が低くウィングのパネルを開けなかったために考えられた、と言われていますが真偽のほどは別にして、タイでは一般的な仕様です。

5)温度管理車

断熱されたボディと冷凍機で構成され、食品を中心に定温維持が必要な積荷の輸送に使用されています。

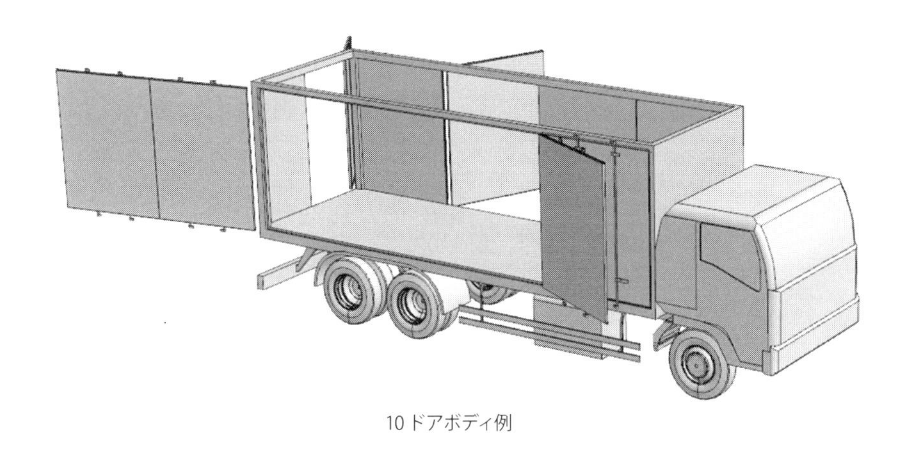

10ドアボディ例

特に定義はありませんが、一般に使用する温度帯に応じて−5℃程度までを冷蔵、それ以下の−18℃程度までを冷凍と呼んでいますが、それ以下の超低温のものや、日本ではコンビニエンスストアの米飯（弁当）搬送の際に、寒冷地での低温によるデンプンの特性変化での食味低下防止のため、温度管理をプラス側に行う加温仕様もあります。加温を除けば概ね家庭用の冷蔵庫の冷蔵とチルド、冷凍のイメージですが、基本的に搬送の間や商品の積み込み時の温度を維持することが目的で、搬送中さらに冷却させるという使い方は能力的、物流設計的にも無理があり行われていません。保温性能の劣るボディは冷凍機への負担（燃費）が大きくなるため、様々な工夫が凝らされていますが、性能の基本は断熱性と気密性の確保です。

①ボディ

断熱方法（構造）には、ウレタン注入発泡型（現場発泡型）とサンドイッチパネル型の大きく2種類があります。

ウレタン注入発泡型はあらかじめ必要なサイズに裁断された（硬質）ウレタンパネルに内外板を接着したものや、型枠に内外板をセットし間に発泡ウレタンを注入発泡させるなどして作製したサイド、ルーフなどの各パネルを6面体として組み立て、各つなぎ目だけに再度ウレタンを注入発泡させるものと、各面体のパネルを少し薄目に作り、隙間だけでなく内側全域に注入しパネルと一体化させる方法などがあります。ウレタンは高粘度の液状で注入されるため全域に渡りやすく、各パネルが同じ断熱材で連続的に結ばれることにより、均一な断熱性能を確保できますが、発泡時に膨張するため必要部分を型枠などでしっかりと固定する必要があります。特に再注入はボディ半完成状態で行うため、その段取りに工数がかかり、完成までの間の工場のスペースを占有するなど、生産効率に課題があります。また、製作上完璧なシーリングは難しく、外板やパネルの合わせ部や、さらにユーザーの使用中の接触事故などで外板の修理を行った場合には、その場所などから水が入り込むことがあります。ウレタンは吸水（含水）すると重量増加や断熱性能が著しく低下するなど、経年劣化の問題があり、日本ではサンドイッチパネル工法の性能向上とあいまって減少しています。

サンドイッチパネル型はポリスチレンフォーム（XPS）などの断熱材の両側にアルミなどの外板を接着し、ルーフなど各面ごとに準備し、ドライバンとほぼ同じ要領で組み立てます。組み立て時に各パネル間の断熱材の面が重なるような構造で貼り合わせを行う

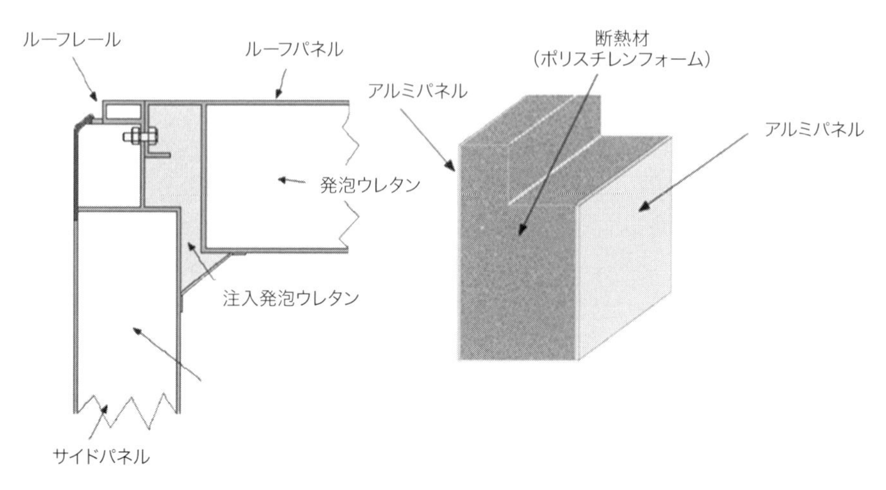

ウレタン注入発泡型とサンドイッチパネル型の構造イメージ図

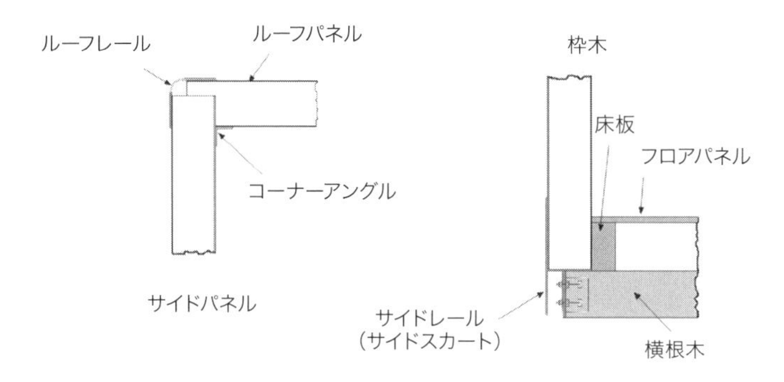

パネル組立例（サイド/ルーフ）

ため、合わせ部の断熱性能は、つなぎ目をなくせるウレタン注入発泡型に比べやや劣りますが、軽量で生産性に優れています。

断熱材の厚さは狙いの温度帯により異なり、日本の例では冷蔵仕様は全て50mm、冷凍ではルーフ、フロント、フロア（ベース）を100mm、サイドは全幅（有効荷台幅）確保のため75mm、リア75mmが大中小型ともに標準的な値です。

外板については、日本ではアルミの表面に白色が特殊焼付塗装されたホワイトアルミが、熱反射、外観品質、看板意匠のしやすさ等の理由で最近では主流ですが、海外では入手性や価格の面でFRP、亜鉛メッキ鋼板などが使用されています。

壁と天井の内板（内張り）はアルミ、床は合板でその上に床板を貼り、最表面をアルミ縞板としたものが一般的ですが、冷凍仕様では積荷が直接床や壁に触れることによる結露の防止と冷気循環路の確保のため、各壁面にはエアリブと呼ばれる突起、床

T型ボード（左）とエアリブ（右）

にはコルゲート（波板）やＴ型ボード等が使用されたものもよく見かけます。また食品用途ではステンレスも多く、HACCP[3]対応などでは内部を清潔に保つためゴミや洗浄後の水がたまりにくいように各コーナーが鈍角になるよう、さらにステンレス内板を貼るなど配慮された仕様も存在します。

ドアは気密性確保のため二重シール、作業時に必要以上にドアを開く必要のないように3枚または4枚ドアが一般的です。その他冷凍ボディの性能に関して「ヒートブリッジ（熱橋）」という言葉が使用されることがあります。断熱性能確保のためには、内外

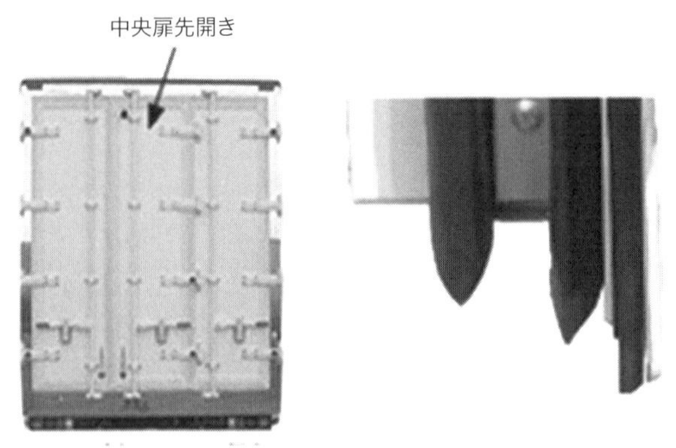

三枚ドア例とドアシール例
（いすゞ自動車株式会社カタログより）

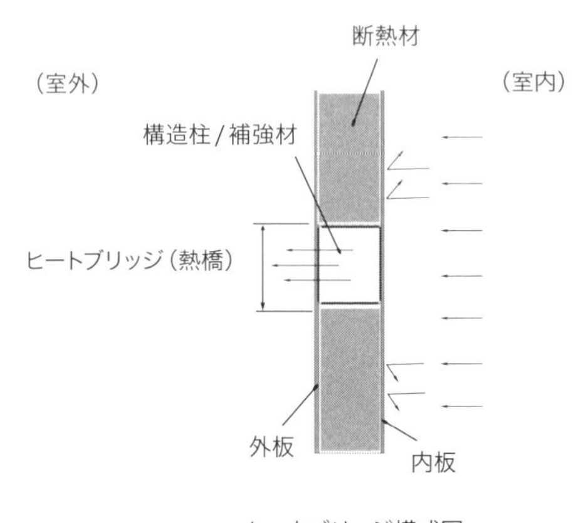

ヒートブリッジ模式図

が完全に断熱材で遮断されていることが望ましいのですが、現実には内装部品を外まで貫通したボルトなどで固定せざる得ない場合もあり、その際に使用したボルトを通して熱が伝わってしまいます。この現象をあたかも「熱を伝える橋がある」としてヒートブリッジ（熱橋）と呼びます。パネルの接合部やドア枠の固定部、発泡では内枠の位置・間隔決めのためのスペーサなどが熱の発生しやすい部位で、ヒートブリッジのある場所では結露が見られることがあります。日本のボディではほとんど目にすることはありませんが、品質を見る時のポイントの一つです。

海外事情についての詳しい資料は見当たらないのですが、ボディを構成している要素を断熱材、組み立て構造（工法）、シールや前述したＴ型ボードなどのアクセサリー類に分けて考えてみると、アクセサリー類は各国とも比較的豊富に出回っているようですが、基本要素の断熱材と組み立て構造（工法）は入手性や技術力、市場要求などにより状況は異なるように見えます。

わずかではありますが、筆者が垣間見た東南アジアの状況を例にお話すると、発泡ウレタンは2種類の薬剤を混合することで発泡成形され、材料の入手も容易な様子で、各国で一般的に使われているようです。工法も内外板に必要に応じ木材で型枠を嵌め、発泡時の膨張を規制するプレス板で挟み、間から薬剤を注入発泡しパネルとして成型するもの、ウレタンだけを専用の型で発泡生成し、必要寸法に切り出し内外板を

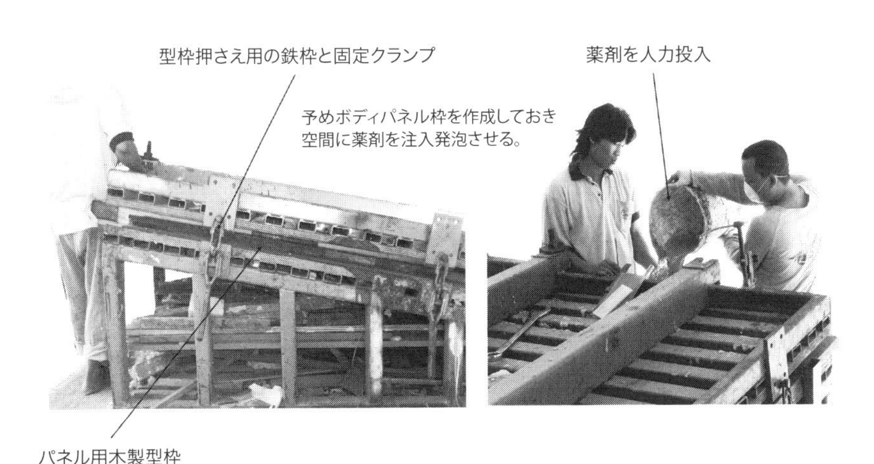

発泡パネル製造例（1）（東南アジア某国にて）

接着してパネルとする方法など、比較的容易に「断熱パネル製造」が可能なため、これを面体として組み立てているメーカーが多いように見受けられます。また、これらの組み立てに際しての各面の接合方法には、接合部にウレタンを再注入している現場発泡方式や、専用のレール類を使用したパネル工法と言っても良いもの、単純につき合わせているケースなど、かなりの差があり、外観は日本で見かけるボディと遜色なくても、構

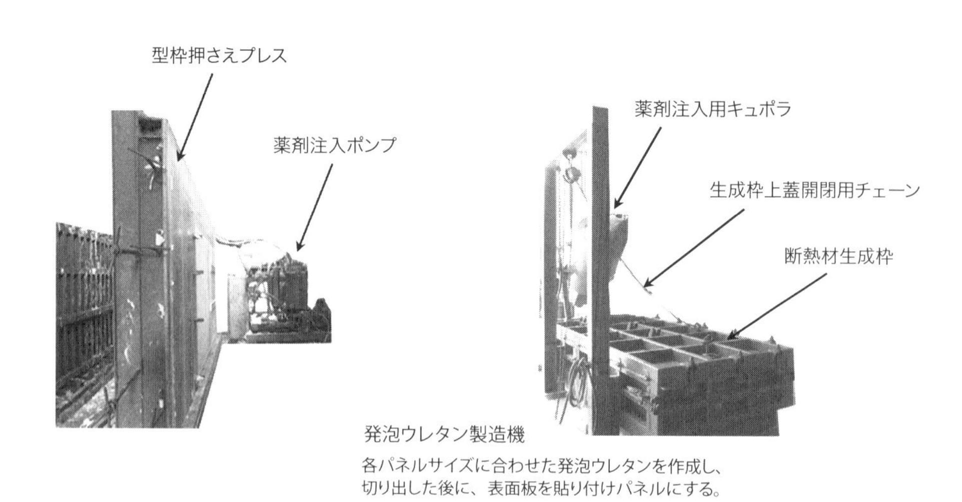

発泡ウレタン製造機
各パネルサイズに合わせた発泡ウレタンを作成し、
切り出した後に、表面板を貼り付けパネルにする。

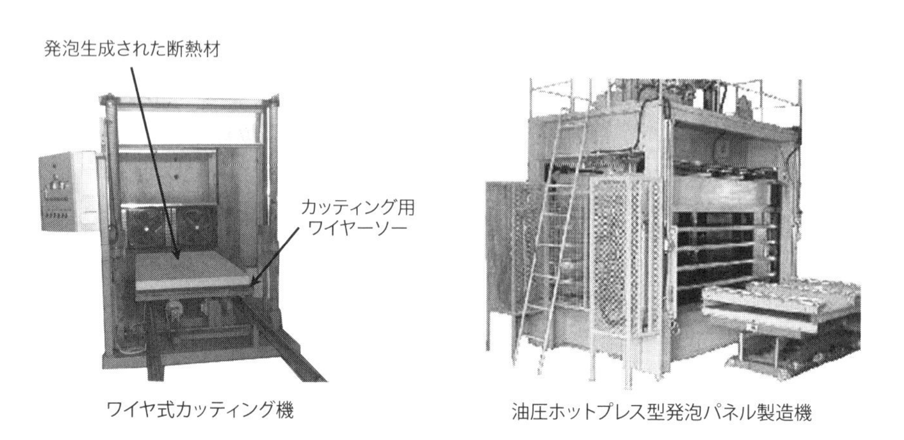

ワイヤ式カッティング機　　油圧ホットプレス型発泡パネル製造機

発泡パネル製造例 (2)（東南アジア某国にて）

造にはかなり違いがあるのが実情のようです。

一方、日本で一般的なスチレンフォーム（XPS）断熱材は、トラックのボディ用に開発されたものではなく、建設（建築）部材の流用です。これらはボディメーカーが、ダウケミカル社などの部材メーカーから作製するボディのサイズに合わせた大きさで購入し、これを芯材として両側（内・外）に接着剤を塗布した後にFRP板などを貼り、定盤上でゴムシートをかけ中の圧力を抜き（真空にする）、環境温度によりますが、通常6～8時間程度をかけて密着させます。この方式はコールドプレスと呼ばれています。他にプレス機ではさみ加圧するホットプレスと呼ばれる方法もあり、こちらのほうが加圧時間は短くて済みますが、大きなパネルを製造するためにはかなりの設備が必要となります。その後にパネルの端部を突き合わせ形状に加工しますが、国内ではこの時に冷凍機の取り付け穴や配線用の加工なども行えるNC制御の加工機を使うことが一般的です。

建設資材はホットプレス工法が用いられていますが、トラックボディ用途ではコールドプレス工法が一般的なようで、国内では小型向けボディが主力のボディメーカーでは5×2m程度のパネルをホットプレス工法で作製している会社もあります。

海外ではかつてXPSの入手性や、設備投資等の課題と市場規模の兼ね合いからか、XPSパネルの温度管理車を作製しているメーカーはそれほど多くはなく、またそれ

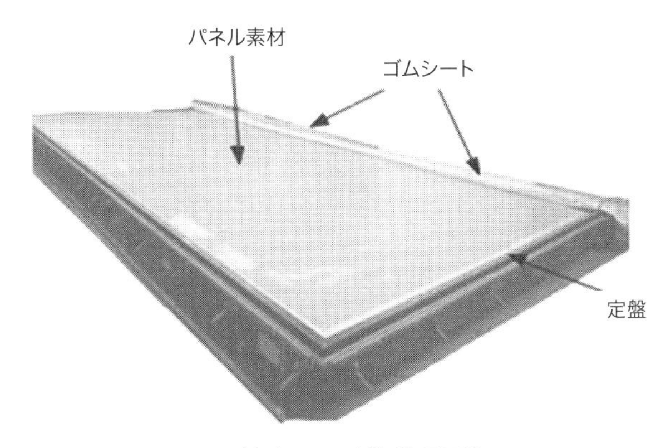

XPSパネルのコールドプレス工法

らのメーカーも保有している設備はプレスだけで端面の加工機は所有していないというところが多かったようですが、近年の経済発展に伴う温度管理物流需要の増大により、日系メーカーを始めとする外資の進出や、材料も主に中国から容易に入手できるようになり、日本と特に遜色のないボディを作製する架装メーカーも増えて来ているようです。

②冷凍機

最も簡単な冷凍（蔵）源としてはドライアイスや蓄冷剤、超冷凍使用では液体窒素などを使用する方法がありますが、一般的にはフロン系の冷媒の膨張（気化熱）を利用して冷却し、気化した冷媒をコンプレッサとコンデンサで凝縮液化させる冷凍サイクルを用います。これは基本的に冷蔵庫やエアコンと同じ方法です。

コンプレッサを運転するために、家庭用では電気のコンセントにつなげば事足りますが、自動車の場合はそうはいきませんので、別にエンジンを積む「サブエンジン方式」と、自車のエンジンを使う「直結方式」があります。

サブエンジン方式の室外機はコンデンサユニットと呼ばれ、コンプレッサとファン用の電気を作る小型のエンジンやコンプレッサ、発電機、コンデンサと、多くはフェリー乗船

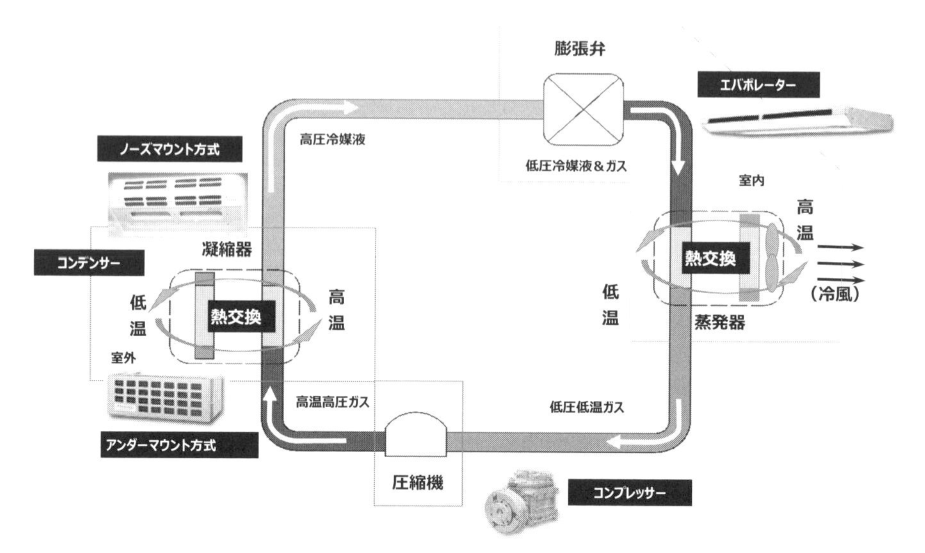

冷凍サイクルと装置

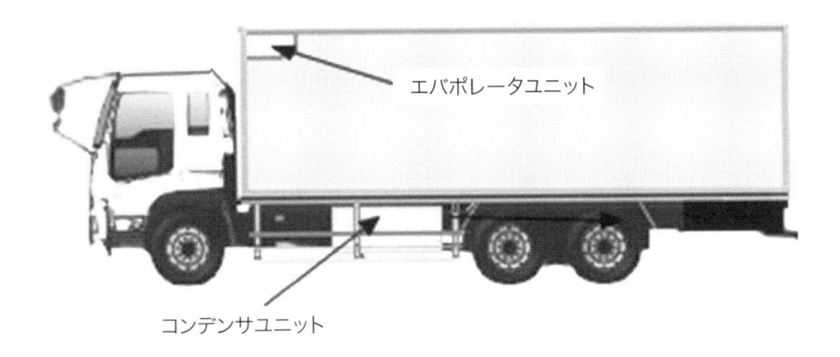

時などにエンジンを止めた状態でも外部電源でコンプレッサをモーターで駆動させる、スタンバイユニットが組込まれています。

直結方式は文字通り、コンプレッサを自車のエンジンでベルト駆動させています。コンプレッサは1台が一般的ですが、冷凍能力向上や2室制御などの市場要求に伴い2台を駆動する「3コンプレッサ型」(冷凍機用コンプレッサ2台＋キャビンエアコン用コンプレッサ1台)も一般的になってきました。直結方式はサブエンジン方式に比べ軽量、省スペース、低価格などの利点がありますが、能力は走行状態(エンジン回転)に影響されます。特に、エンジン停止の状態では冷凍機も停止してしまうため、予冷や積み込み作業時など、走行時以外は外部電源で駆動する電動コンプレッサを収めた、スタンバイユニットを装備した車両も、環境配慮や省燃費のトレンドを受け増加しています。また、近年のエンジンの低回転化による効率低下の防止や、省エネルギー[(4)]を目指した小型高効率コンプレッサの使用など、冷凍機側の技術の進歩も急です。特に最近ではエンジンの低回転に対応する大きなプーリー比を成立させるため、ポリVベルトを利用するポリドライブ伝動(Vリブベルト伝動)などの新たな駆動方法が必要になる場合もあり、シャシメーカーとして対応が必要な状況も増してきています。

温度管理(冷凍・冷蔵)車の目的は「輸送中の温度による品質劣化の防止」です。品質劣化の防止とは、大きく「腐らせない」と「鮮度を維持する」の2つの意味が考えら

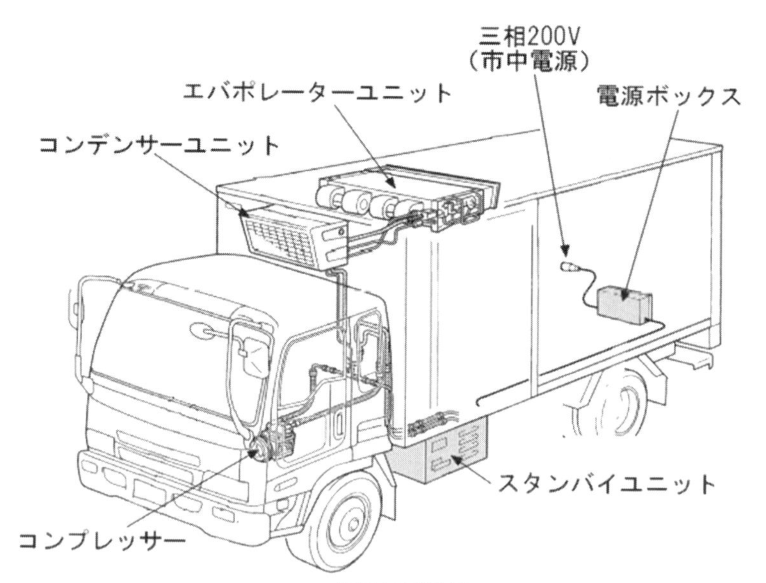

直結冷凍構造例
(いすゞ自動車株式会社カタログより)

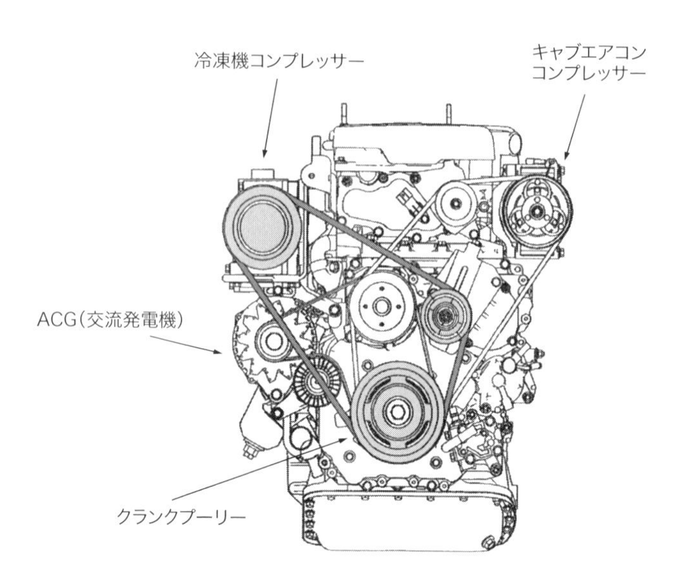

直結方式例
(いすゞ自動車株式会社架装資料より)

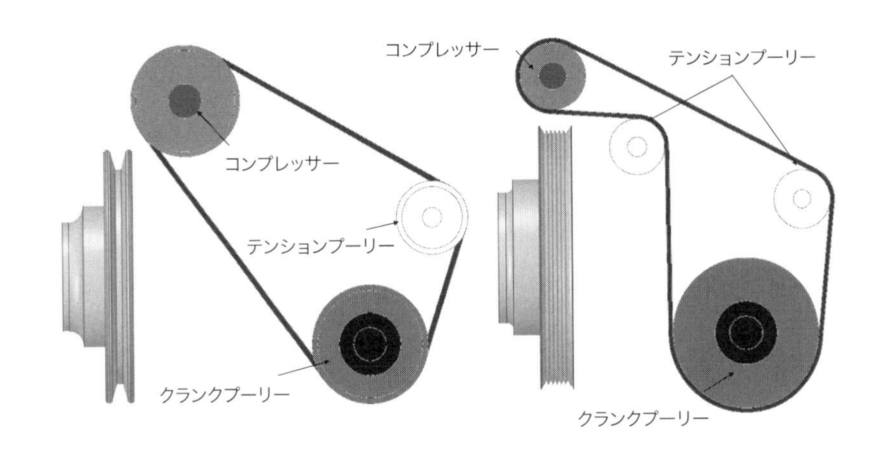

Vベルトおよびポリドライブベルトのプーリーとレイアウト

れます。前者は基本的に都市で求められる、多用途で大量の需要を狙った、かつては地産地消するしかなかった、一次産品の流通範囲の拡大によるビジネスチャンスの創出、後者は（多少金をかけても）おいしさや、新鮮さを要望する消費者の増加といった経済発展の次の段階で、社会が豊かになるにつれ増加してくる要求です。

次頁の表は日本でよく使われる食品輸送適温表です。かなり詳細にわたっており、日本の食に関する要求の高さが見て取れるとともに、多くは一般食品（製品）であることにも注目されます。

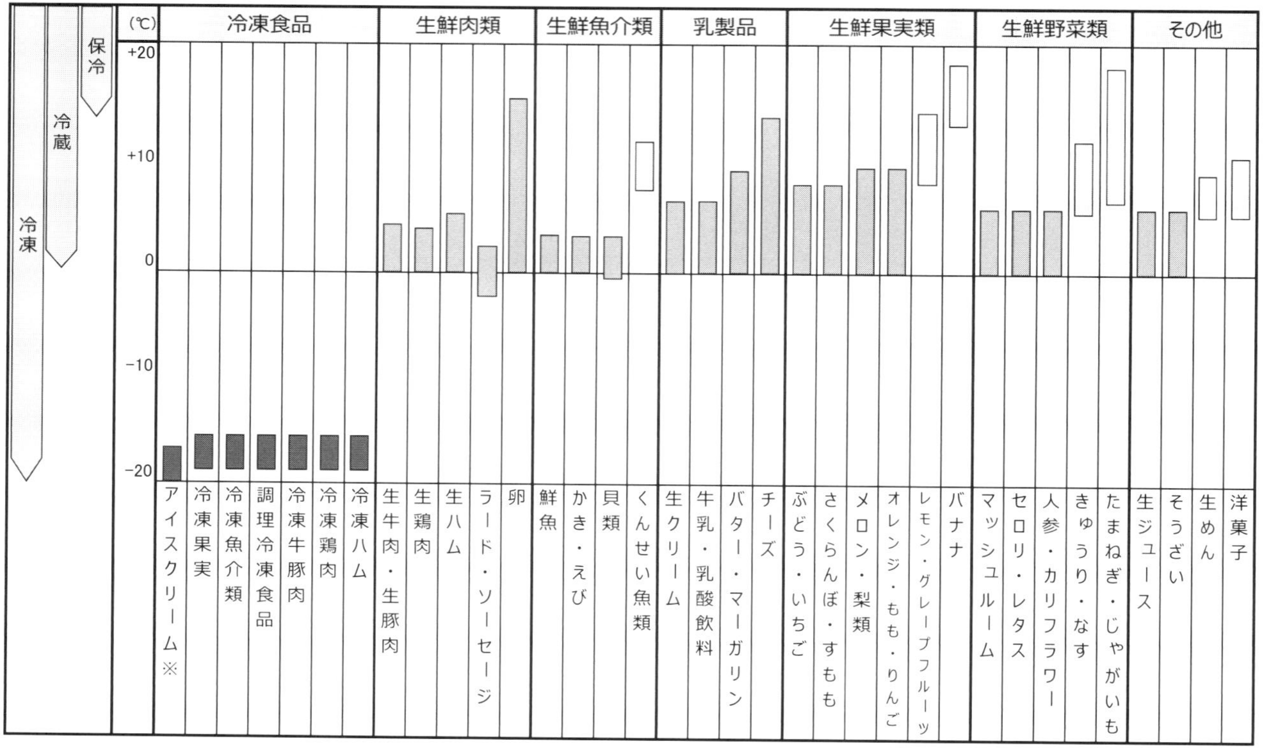

保冷
冷蔵
冷凍

(℃) +20 / +10 / 0 / −10 / −20

冷凍食品
アイスクリーム※
冷凍果実
冷凍魚介類
調理冷凍食品
冷凍牛豚肉
冷凍鶏肉
冷凍ハム

生鮮肉類
生牛肉・生豚肉
生鶏肉
生ハム
ラード・ソーセージ
卵

生鮮魚介類
鮮魚
かき・えび
貝類
くんせい魚類

乳製品
生クリーム
牛乳・乳酸飲料
バター・マーガリン
チーズ

生鮮果実類
ぶどう・いちご
さくらんぼ・すもも
メロン・梨類
オレンジ・もも・りんご
レモン・グレープフルーツ
バナナ

生鮮野菜類
マッシュルーム
セロリ・レタス
人参・カリフラワー
きゅうり・なす
たまねぎ・じゃがいも

その他
生ジュース
そうざい
生めん
洋菓子

食品輸送適温表
(いすゞ自動車株式会社カタログより)

コラム　右か左か？（1）『後ろ扉はどちら開き』

バンや冷凍車の後ろ扉は両開きの観音式が一般的ですが、右と左のドアのどちらが先に開くでしょうか？
国によって違うのでしょうか？ はたまた同じ？ それとも全く規則性はないのでしょうか？
通常は道路と反対側の路肩側が先に開くように設定します。つまり右ハンドルでは左先開き、左ハンドルでは右先開きです。理由は、扉が車道側へはみ出すことによる事故防止のためで、想像に難くないと思います。ちなみに各国を移動するISO海上コンテナは1950年代にアメリカでトレーラーのバンボックスだけを外して船で運べないかというアイデアが始まりで、起源が左ハンドルの国でしたので右先開きです。
日本の宅配車両では、扉を開いた時に車両からはみ出さないように3枚ドアを使用しているものや、使い勝手で左右両開きのものもあります。また風などに起因した不意の開放による事故の防止のため、90度開いたところで一度停止するストッパーを多くの車両が取り付けています。

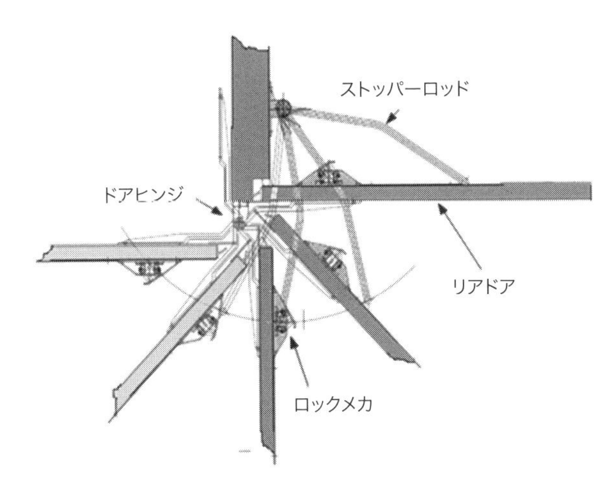

90度ストッパー使用例（タキゲン 8189L）

6) ダンプトラック

JIS規格ではダンプ車、ダンプ自動車と定義されますが、一般的にはダンプトラック(dump truck)が広く使われている呼び名です。ダンプ(dump)とは、どさっと落とす、投げ捨てるといった意味で、はたらく姿を表した名前であろうことが充分に想像できます。海外ではdumper、tipper、vocational truckなどとも呼ばれています。主な用途は鉱山、土木・建設工事、原料資材運搬、(産業)廃棄物運搬などで、日本ではダンプといえば土砂等を運搬するものとの認識が一般的で、これらを一般ダンプ、それ以外の積荷を運ぶものを特殊ダンプと大別しています。

ダンプボディは荷台部分であるベッセルと、ベッセルを昇降させる油圧ホイスト機構、油圧の発生装置(油圧ポンプ)がサブフレーム上に組み付けられ、再生プラスチックや木材をシャシフレームとの間にはさみ搭載、締結されます。特性上、積載量や走行場所がかなり厳しい条件下にあることが多いため、シャシのサスペンションやフレーム等の強度部材はカーゴに比べ堅牢な仕様です。それに加えボディは、積荷は積み込み時にある高さから「落とされる」、排出時は岩石等硬いものが「ずり落ちる」、持ち上げのホイストや荷台の傾斜中心に「荷重が集中する」といった条件が追加され、床の厚さ

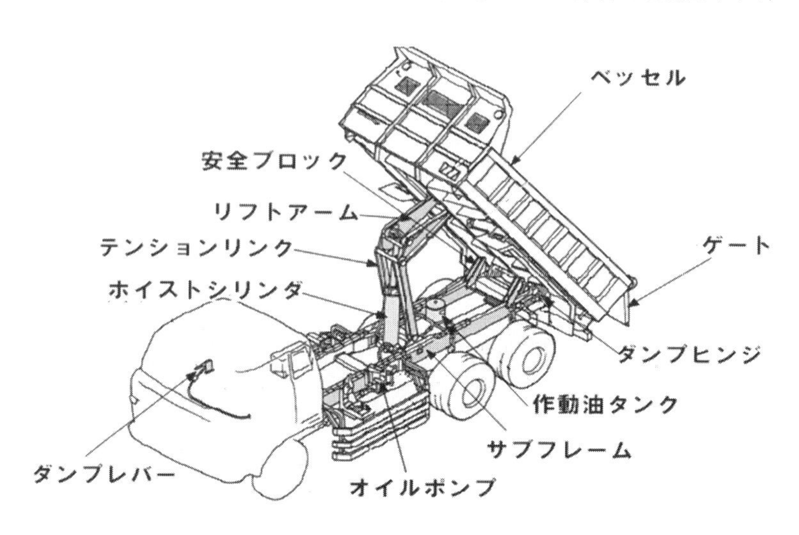

ダンプトラック構造例
(新明和工業株式会社資料より)

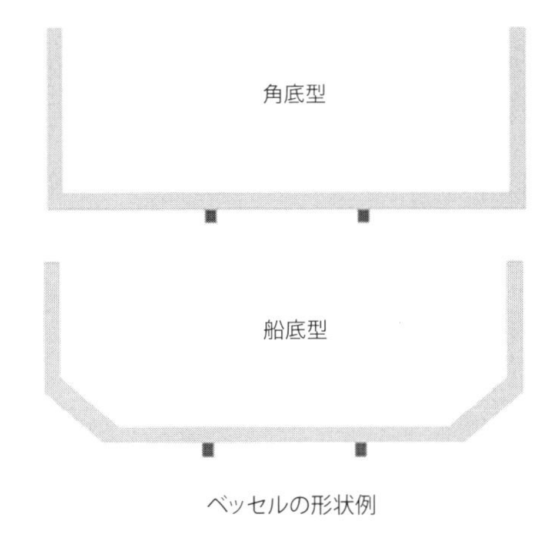

ベッセルの形状例

や材質、ホイスト機構やサブフレーム、またゲート（後アオリ）の開閉等に工夫がなされています。

①ボディの形状と構造

ベッセル（荷台）は形状により床とサイドパネルが直角な角底型とサイドパネルの下側が傾斜している船底型に大別されます。船底型は角型に比べ、構造（作製工数）は煩雑ですが、角が傾斜しているため排出性に優れており、粘土質の土や汚泥、残土など粘着性のある積荷に使用されています。

アオリは後方だけが開閉する一方開が一般的ですが、中小型クラスでは土砂搬送だけでなく、建設会社や工務店が工事現場まで道具、資材搬送に使う場合が多く、横アオリも開く三方開も多く見かけます。

ベッセルは大きく、床、サイドパネル、前立て（プロテクター）、ゲートの部位に分けることができます。各部とも鋼板の溶接で、サイドパネルやゲートにはさらにスティフナー（補強材）としてコ型の鋼材が複数溶接されているのが一般的です。積荷が荷台に「落とされる」、荷台から「ずり落ちる」ため特に床の厚みと材質は重要で、日本の大型では標準型で3.2～4.5mm、強化型で4.5～6.0mm程度が使用されていますが、さらにその上にもう一枚重ねて二重としたものや、材料も高張力鋼や耐摩耗鋼板を使ったものなど、積荷と顧客の経験・要望により非常に多岐にわたっています。さらに積荷は「固

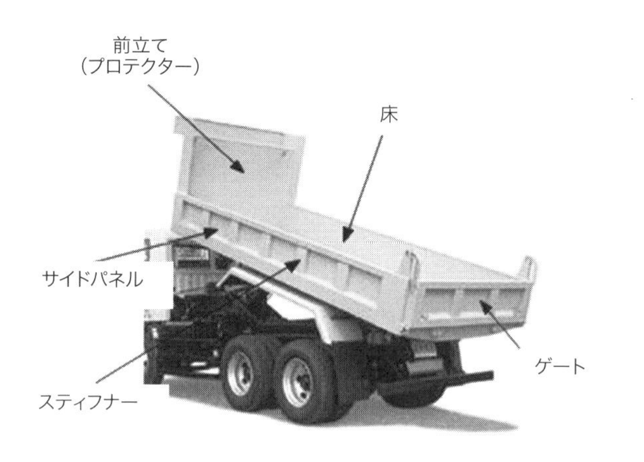

ダンプボディ部位名称
（いすゞ自動車株式会社カタログに加筆）

定されていない」ため、ベッセル前側の前立て（プロテクター）は万一の時のキャブ（乗員）保護のはたらきも持たせており、堅牢にできています。

ゲートは開閉の方向により「下開き」と「上開き」があり、上開き式は排出の開口面積が大きく取れる、排出方向がゲートにより制限されることがない等の利点が多いのですが、構造が複雑で下開きと比べ高価なため、残土、瓦礫などの用途を除きほとんどは下開き式を採用しています。下開き式は上部両端のヒンジを中心にゲートが開閉します。排出の開口面積はヒンジの位置で決まるため、岩石のように大きなもの、粘着性の高いもの用にはヒンジ位置を上げて開口部を大きくしたものや、中小型ではヒンジ部でゲートを脱着可能とした型式や、さらにゲートの下側に脱着式のピンでヒンジを設け、上下開き兼用としたものも存在します。

またゲートは走行中に開くことのないようにロック機構を有しており、単純にロックの開閉だけを行う手動式と、ベッセルの傾斜によりロックの爪が外れる自動式があります。

その他にも、日本では高度成長期以降多発した交通事故、作業事故を受けて積荷の飛散防止装置、自重計、左折警報、安全ブロック、ダンプレバーロック装置などの安全装置装着義務の他、土砂ダンプを対象とした法令により、車両の登録とは別に土

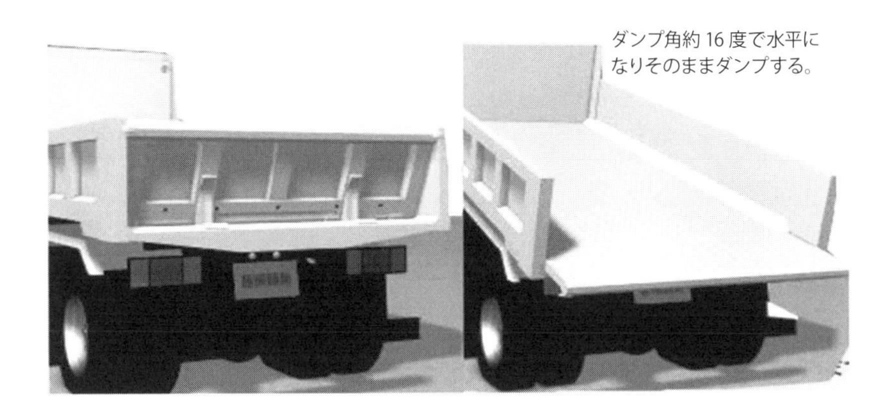

上開きゲート例
（極東開発工業株式会社 フラットゲート仕様）

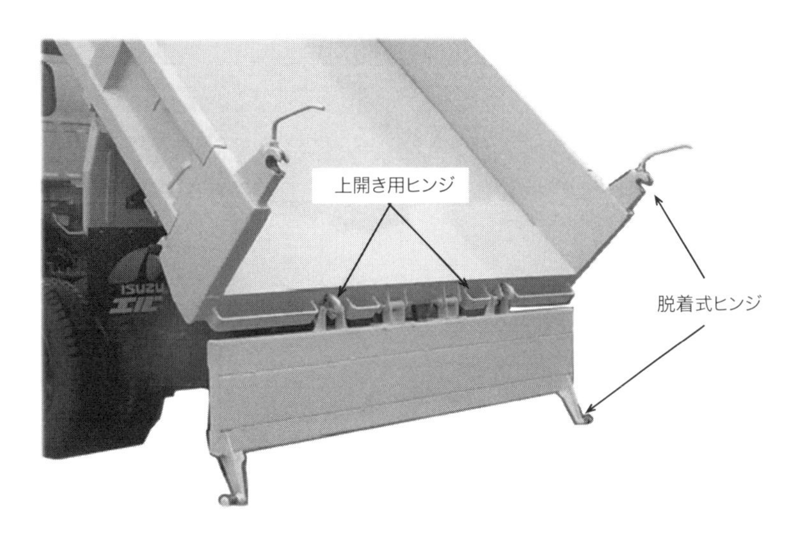

上下開き兼用型例
（いすゞ自動車株式会社カタログより）

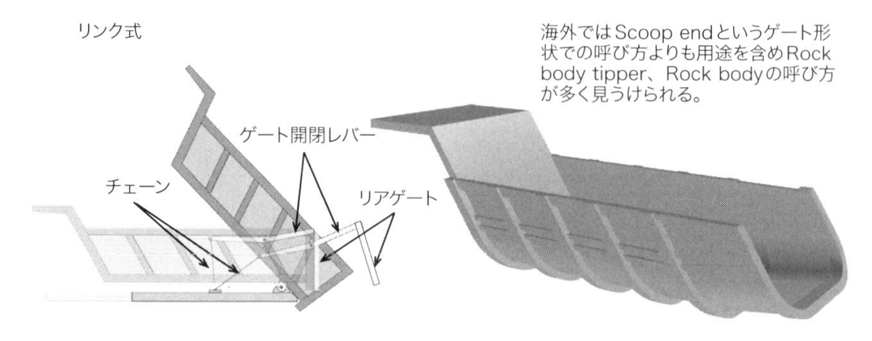

海外の大型ダンプリアゲート例
Scoop end/ Rock body tipper

砂ダンプとしての登録と荷台に番号の表記が義務付けられています。

海外では全般に、ダンプトラックに使用される車両のホイールベースでの許容総重量は、日本よりも大きいため国内と同格の車型でも積載量、容積は大きくなり、特に大型では荷台高が1mを超えるものも珍しくありません。これらのゲートは国内同様に下開き方式の他、油圧により開閉させるものや、少々変わった方式として、ゲートとシャシ（サブフレーム）に固定されたチェーンと結ばれボディを支点としたリンクレバーと結ぶことにより、荷台がダンプするにしたがいチェーンの張力でゲートを開かせるリンク式が比較的広く使用されています。その他、鉱山では開閉式のゲートを設けず、ベッセルの後方を10度程度上側へ傾斜させたスクープエンド（Scoop end）やその名の通りRock body tipper（岩石ダンプ）などと呼ばれるボディも使用されています。

②ホイスト機構

ホイスト機構はベッセルの前側を油圧のシリンダ（ホイスト）で持ち上げ後方に荷降ろしを行うリアダンプ式が主流で、他に横方向に傾斜するサイドダンプ式や、中小型では後方に加え左右横方向に傾斜する3点式があります。積荷にもよりますが一般に43～53度程度、中小型では60度近く傾斜するものもあります。ダンプアップの機構はベッセルをホイストシリンダーが直接押し上げる直押し式と、リンクを介して押し上げるリンク式に大別されます。

リンク式については、日本では過去にいくつかの方式が存在していましたが、現在では小型はガーウッド式、それ以上ではマレル式や天突き式と呼ばれる方式が主流で、直押し式は飼料運搬など長尺のカーゴダンプや、粉粒体運搬などの特殊ダンプに使用されています。

・直押し式（テレスコ式）

荷台の前端を油圧シリンダで直接持ち上げます。一段のシリンダで全行程を作動させることは不可能で、3から最大5段程度のテレスコ（多段）シリンダとなります。防塵のため下向き使用が一般的ですが、（機構を含めた）荷台長が長くなるのを嫌い、ベッセルにシリンダ格納の切込みを入れ上向きとしている型式も見かけます。シンプルな構造で、荷台の前側を持ち上げるためリフトアップの油圧能力も多くを必要としませんが、その反面全傾斜までの油量が必要で作動時間も長く、シリンダの順次作動機構、オイル

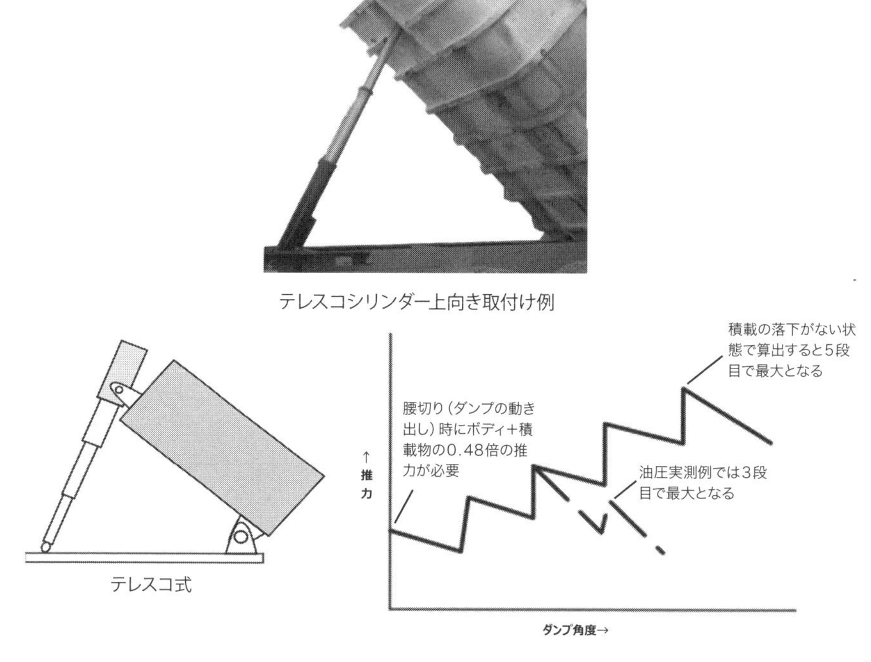

テレスコシリンダー上向き取付け例

テレスコ式

テレスコ式荷台前端押上推力線図例
（国立科学博物館「自動車車体技術発展の系統化調査」をもとに作成）

シール面の増加に対する信頼性、また基本的に荷重支点が3点しかないことによるダンプ時の耐転倒安定性や、荷重点集中によるサブフレームの強度設計等の技術上の課題はありますが、大型車ではテレスコ式が世界の多数派です。

・リンク式（ガーウッド式）

リンク式は腰切り（ダンプの動き出し）荷重がベッセル+積載物を合わせた重量よりも大きくなりますが、口径を大きくした一段シリンダで成立するためストロークは少なく、作動時間が短く、ホイスト機構をベッセル下部にまとめられる等の特徴があります。

資料[5]によればガーウッド式は戦前から米国で使用されていた様子で、戦後日本でも多用されていたようですが、腰切り荷重と呼ばれる荷台の動き出しに、積載物を加えた荷台の重さの3倍程度シリンダ推力が必要で、車両（ベッセル）の大型化に伴い成立が難しくなり、またボディ突き上げ位置の低さから大型（長尺）化時の安定性の課題などで中型以上では姿を消していったようですが、小型系では積載量や、機構への油圧供給能力などが適していたようで、国内ではほぼ標準の仕様となっています。

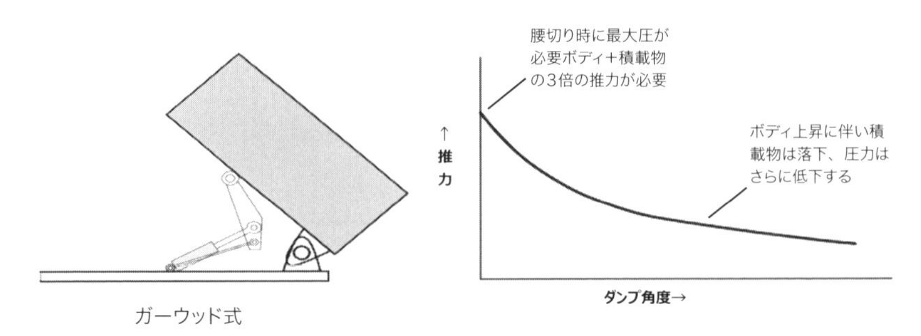

ガーウッド式

ガーウッド シリンダ推力線図例
（国立科学博物館「自動車車体技術発展の系統化調査」をもとに作成）

・リンク式（マレル式と天突き式）

マレル式と天突き式は、ともにマレル社考案のものを源流としています。多くの資料ではリンク形状の違いから「オリジナル」「天突き」と呼び名を分けています。

マレル式（オリジナル）はフランスのマレル社が考案したリンク構造で、ガーウッドに比べるとベッセルの加重押し付け点が前方（ヒンジとの距離が長い）であるため、腰切り荷重が小さくなり、またベッセル、サブフレームとも荷重点・支持点が増えるため安定性が増すなど、ベッセル（車両の）大型化の流れや油圧供給能力等に適合し、主流となりました。

天突き式は日本では新明和工業が技術導入し、マレル式に対して架装性に配慮して、シリンダ位置をベッセルとの連結等の課題から変更（リンク機構の上下を逆転）し、シリンダがほぼ直立する姿から「天突き」の商品名で1971年から販売が開始されました。その後マレル式は同社の特許終了とともに広く日本で使われるようになり、国内では主に極東開発工業がマレル式を、開発者である新明和工業をはじめ数社が天突き式を中大型用に使用しています。このクラスは日本ではリンク式が主流ですが、世界では国や地域によりかなり状況は異なるようです。

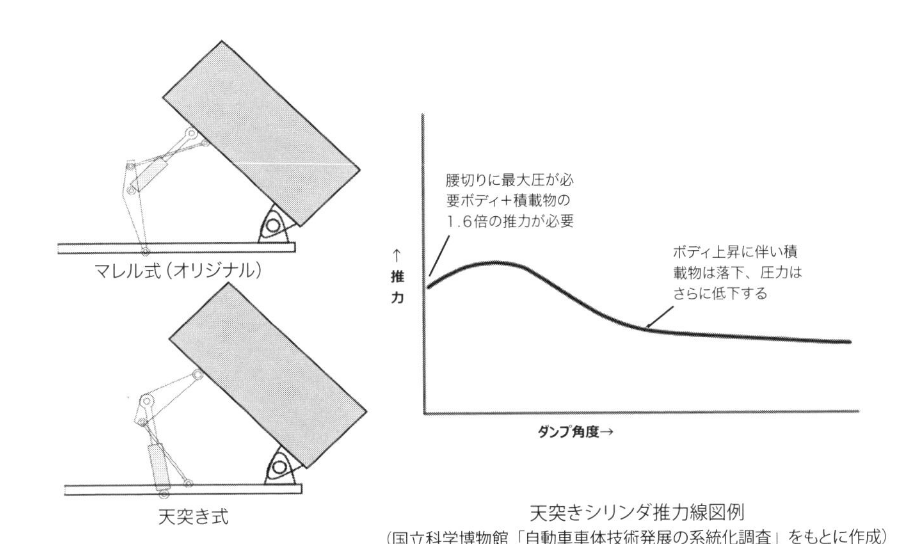

天突きシリンダ推力線図例
（国立科学博物館「自動車車体技術発展の系統化調査」をもとに作成）

参考に山口節治氏（国立科学博物館）が2010年にまとめた、ダンプ機構の各国事情をもとに作成した表を下に示します。この表に記載のない南米については全体を見たわけではありませんが、大型はテレスコ式しか見かけることがなく、マレル式の存在は知られているものの主に価格の問題で受け入れられていないと答えた架装メーカーが数社あり、使用しているシリンダもブラジル産など域内で調達されていました。

大きく分けると日本車もしくは日本製リンク機構を輸出している（もしくはしていた）地域である東南アジア、中国、中近東ではリンク式が使われているようですが、日本製では展開していない大型以上ではボディ前端装着のテレスコ式が主流派の様子です。この理由は定かではありませんが、一つの見方として、欧州車はダンプ向けを含むほぼ全ての車両は全幅の基準値（2.5m）内で次頁のようなタイヤを装着しているものが多く、この仕様を成立させるためにはフレーム組幅は800mmを下回る必要があります。このサイズのフレームに15㎥を超える容量のリンク機構とホイストシリンダーを組み入れ成立させるにはかなり厳しいものがあるように思われ、テレスコ式化の要因の一つになっていると考えています。

東南アジア	リンク式が主で、天突き式が広く普及しており、現地各国製や日本製が使用されている。欧州製あるいは現地進出欧州メーカー製のテレスコ式によるボディ前端装着タイプも鉱山等大規模な分野で使用されるようになってきている。
中国	種々の方式が採用されており、土砂用はリンク式が主のようであるが、大型車ではボディ前端装着のテレスコ式も使用されている。
中近東	欧州および日本製のダンプではホイスト機構（リンク式）が使用されているが、大型車ではボディ前端装着のテレスコ式も広く使用されている。
欧州	トレーラ等長尺ボディでは古くからボディ前端装着のテレスコ式が使用されていた。カタログや雑誌を見る限り1980年頃はリンク式とテレスコ式が拮抗していたようであるが、近年大型車ではテレスコ式が増えてきているようである。床下格納のテレスコシリンダ・リンク併用方式も普及している。
北米	バックヤードや各地の架装メーカーで利用可能なリンク式ホイスト機構キットが多く販売されている他、テレスコ式やボトムダンプトレーラも普及している。

各国のダンプ機構まとめ
（国立科学博物館「自動車車体技術発展の系統化調査」をもとに作成）

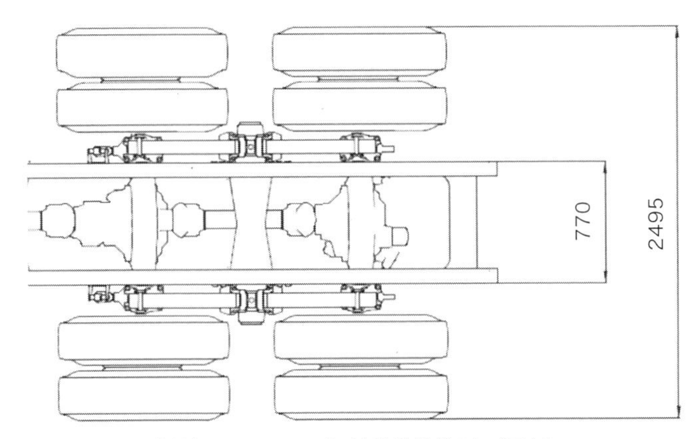

欧州車 315/80R22.5 タイヤ装着仕様のレイアウト
（SCANIA　BM12 カタログ値をもとに推定作図）

③　積載量と容積の関係

日本では一般的にダンプで運搬するものを「土砂等」という言い方をしましたが、この土砂等は法令により以下のものと定められています。

・砂利（砂および玉石を含む）または砕石をアスファルトまたはセメントにより安定処理した物およびアスファルト・コンクリート
・鉱さい、廃鉱および石炭がら
・コンクリート、れんが、モルタル、しっくいその他これらに類する物のくず
・砂利状または砕石状の石灰石およびけい砂

これらを積載するダンプのベッセルの容積は積載量（トン）/容積（㎥）=1.5以上（小型に関しては1.3以上）と定められています。

大型ダンプの一般的な最大積載量である9.5トンの車両では、容積は最大で約6.3㎥となり、これを一般的な荷台の寸法に合わせると荷台長×幅×高さは　5.1m×2.2m×0.56m程度、積載量2トンの小型車の場合は3.1㎥で同じく　3.1m×1.6m×0.32m程度となります。

仮に車両重量や仕様の変更などでボディ重量が重くなり積載量が下がれば、ベッセ

ル容積も下げる必要があり、同じボディのまま車検証記載の積載量を下げて登録というわけにはいかず、その積載量にあった容積のボディに載せ替える、もしくは荷台高さを低くするなど、容積を減らす対応を行わなければ土砂等を積載するダンプとしての登録はできません。主旨は過積載対策で、「積むのに必要な大きさの荷台容積しか認めない」というのが日本の容積型の車両のボディの大きさと積載量の基本的な考え方です。

時折街で荷台高さの高い大きなボディのダンプを見かけることがあると思いますが、それらは積荷が産業廃棄物などで、土砂に使うことはできません。よく見るとダンプゼッケンはなく、土砂等積載禁止の表示があると思います。

このように日本ではダンプの大きさは、容積と重量の関係が定められているために、積載量、総重量だけで表現できますが、海外ではこのように法令等で定められた関係は特にないため、総重量などの重量情報に加えベッセルの容積を、キュービックメーター（m^3 cu-m）、キュービックヤード（yd^3 cu-yd）で表しており、問合わせ、商談でも容積を指定してくることがほとんどのようです。

一般に中型で6～8m^3、大型で8～12m^3程度が多いようですが、日本の基準を当てはめると積載量はかなり大きな値となるものがあります。特別な仕様を除き海外向け車両でも中大型では比重1.5、小型で1.3を基準に検討されていますので、充分な注意と容積の大きなものは積荷を明確にすることが必要です。

参考に中大型車の一般的なダンプシャシについて許容GVW（車両総重量）とシャシ重量、ボディ重量、積載物の比重を1.5としたときの搭載可能サイズの概算は、4×2型（前1軸・後1軸／1軸駆動）で7m^3、中型ベースの6×4型（前1軸・後2軸／2軸駆動）で10m^3、大型6×4型で13m^3程度が一つの目安と考えられます。

7）コンクリートミキサー

ダンプと並んで工事現場などで活躍する代表格車のイメージの強いのがコンクリートミキサー車ですが、実は温度管理車と並ぶ、見方によってはそれよりも厳しい搬送品質を要求されている車両です。考えてみれば当たり前に納得できることで、コンクリートを使用している建設・建築物は人命財産を委ねている構造物です。当然これらに使用するコンクリートはいい加減な管理で良いはずはなく、JIS基準に従い工場で製造され、工事規模によっては打設ロッドごとにサンプリングし、場合によっては受入れ強度検査が求められるなど厳しい品質管理が行われています。当然搬送についても工場出荷品質の維持確保が求められ、このために独特の構造や使用形態があります。

①　コンクリートの基礎知識

石灰石・粘土などを粉砕、焼成（約1450℃）し、微粉砕したものをセメント（ポルトランドセメント）と言います。セメントはもともと科学的に安定している岩石類を高温で脱水したもののため非常に不安定で、水と結合して（水和反応）安定な形へ戻ろうとする性質があります。水和反応は時間とともに、セメント粒子の表面から内部へ進み、骨材（粗骨材、細骨材）同士がセメントを介して強く結びつけられ、剛性を持つ硬い固体、コンクリートへと変わります。

コンクリートを作るためには材料であるセメント、骨材と水および凝結をコントロールする混和剤を上手く混ぜ合わせ、固まる前に運搬し打設します。用途に応じて配合を変え、一般に、建築用は軟かいもの、土木用はこれより硬い生コンクリートが使用されます。

生コンクリートの硬さ（流動性）を表す値にスランプ値があります。高さ30cmの決められたコーンに生コンクリートを詰め込み、コーン枠を引き抜き、頂点の下がった量をcmを読んで、「スランプ何センチ」と表示します。例えば、建築用では15～20cmと言われています。

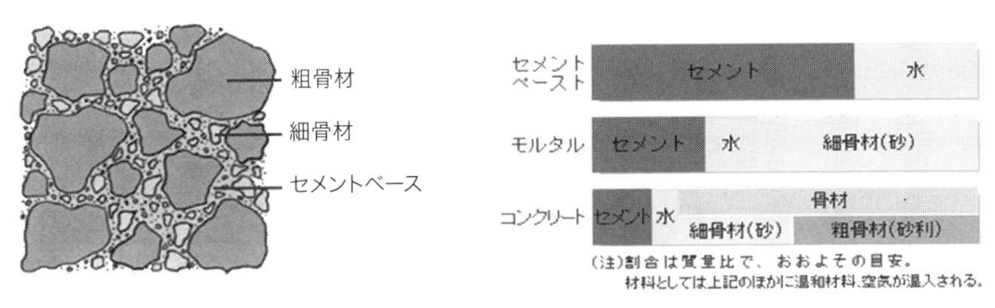

コンクリートの構成・使い方
（一般社団法人セメント協会HPより）

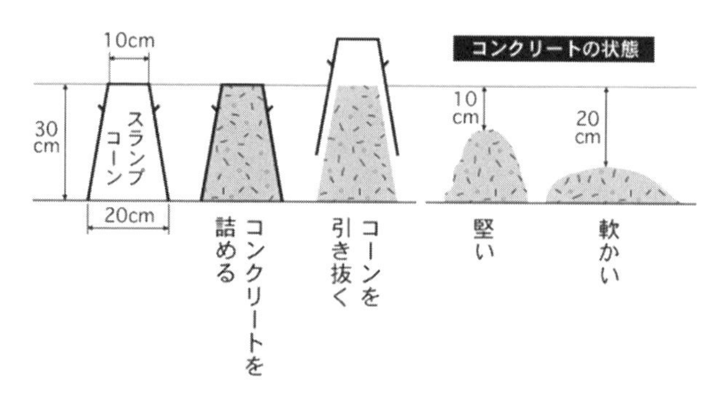

コンクリートのスランプ試験
（一般社団法人セメント協会 HP より）

② 製造と搬送方法

材料の調合（比率）と撹拌が製造の重要なポイントです。調合と撹拌を行う場所とその方法により、以下の3方式があります。

・ドライミキシング

セメントと骨材の原材料だけをドラムに入れ、現場まで搬送しそこで水を加えて練り上げ排出打設します。車両の目的は、搭載されているミキサー設備の移動と原料の搬送です。

一般に水を入れてしまうと途中で凝固してしまうようなセメントプラントから遠距離の場合や、新興国では交通渋滞の酷さから都市部の工事でもドライ型で運用されているケースもあるようです。日本では2トン車でも余るような小規模な工事や、最近では特定の工法時に運用されることがあるようですが、少数派で、“ドライ用ミキサーを作製（搭載）するのではなく、ドライで運用している”のが実際のようです。

・セントラルミキシングとアジテータートラック

セントラルミキシングとは、コンクリートバッチャーと呼ばれる工場に設置された「定置式ミキサー」（Center drum）で材料を混合撹拌する方式です。製造されたセメントをレディミックスコンクリート（Ready mixed concrete 通称レミコン、生コン）と呼び、これを運ぶミキサー車をアジテータートラックと言います。プラントの規模によりますが、セントラルドラムの能力は4㎥程度が一般的で、バッチャーから2回に分けてミキサー車に充填され、10分ほどで満載になります。バッチャーから出た段階ですでに生コンとして完成していますので、積み込み即出発が可能で安定した品質と、短時間での大量出荷が可能という特徴があります。

コンクリートはすでにでき上がっているので箱詰めにしてでも運べそうですが、材料の密度（比重）が異なるためそのまま揺すられると分離や偏りが起こるため、「完成した生コンクリートの品質維持」と凝固を遅らせるために、ドラムを1分間に1〜3回程度の速度で回しながら運びます。コンクリートの凝固は化学反応ですので回していても一定時間が過ぎれば固まってしまいますので、JISでは運搬時間限度を外気温に関わらず1.5時間としています。つまりそれ以上遠くへは運べないということです。

日本ではコンクリートのJIS認証の要件として「定置式ミキサー」の使用が義務づけられたため、数千にも及ぶといわれる生コンクリート工場のほとんどがセントラルミキシング方式を取っていますので、日本ではミキサー車といえばアジテータートラックのことです。

・ウェットミキシングとウェット式ミキサー

ウェットミキシングとはバッチャーに「定置式ミキサー」がない方式で、工場で計量された各種材料をドラムに直接投入し、車両側で撹拌し搬送する方式です。原料は密度が異なるため投入の順序や量、ドラム回転速度などをコントロールして練り上げ生コンクリートとして完成させてから搬送します。一般に練り上げ時のドラム回転は毎分8〜12回転程度で、搬送時よりも高速を要求されます。このタイプの車両をウェット式ミキサーと呼び、日本の型式分類では「ミキサー」は公式にはウェット式ミキサーを示しています。セントラル方式に比べ出荷までの時間を要すること、撹拌（練り上げ）の工程をミキサー車が担うという、間接的な制御になるなどの課題がありますが、コンクリート製造の設備規模は小さくて済みます。米国では約8割がこの方法といわれています。

海外におけるこの3方式の比率については資料が少なくよくわかっていませんが、経験の範囲ではセントラルミキシングの主な国としてシンガポール、香港、中国（の一部?）、またドライミキシングを使用している国としてオーストラリア等があり、他の多くはウェットミキシングでした。一般論ではウェットミキシングが多数派、大需要地域でセントラルミキシング、需要地が広く分散した地域はドライミキシングと考えられそうです。

③基本的な構造と特徴

コンクリートの製造方法には大きく3つの方法がありますが、大きく見れば（定置の）撹拌方法の違いと言っていいでしょう。その撹拌方法により少しずつ仕様差は存在し、その仕様差は性能差として現れるかもしれませんが、基本的なミキサー車としての構造は同じです。

16〜20度程度傾斜させて取り付けた円筒形（徳利状）の胴体がドラムローラーガイドと呼ばれるベアリング2ヵ所に載せられ、シャシ側のフライホールPTO（パワーテイクオフ）で駆動された油圧モーターで回転します。PTOについては後ほどまとめて説明しますが、ミキサー車に使用する「フライホイールPTO」は、一般シャシに後改造による取り付けは煩雑で費用も高くなることから、ラインで取り付けられた専用車を使用します。ドラム上側の口から原料の投入とコンクリートの排出を行い、投入部にはホッパーと呼ばれる受け口が、排出部はスクープとシュートと呼ばれる排出コンクリート受けと流し出しの

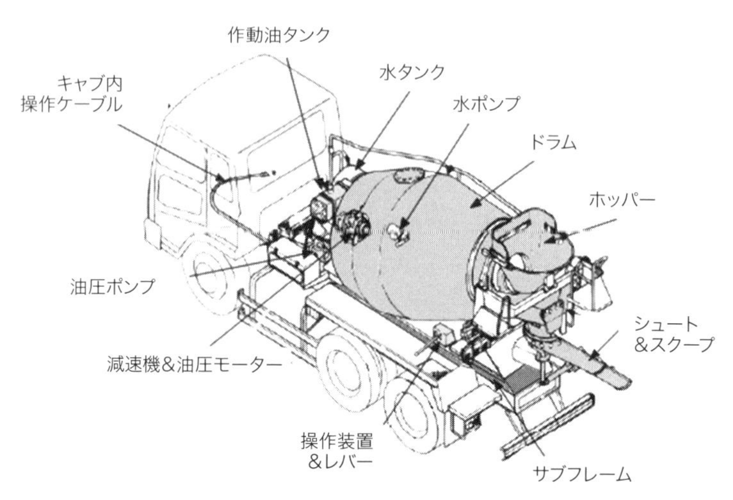

ミキサー車構造例
（極東開発工業株式会社 ミキサー解体マニュアルより）

樋が取り付けられており、その他排出終了後の洗浄水設備と、ドラムの操作機構等で構成されています。

最大の特徴はドラムで、構造は概ね下図のようなものですが、実際の形状や取り付け方法、材質などは各社のノウハウそのものです。内側は常にセメントという“砥石”で削られるため、それに耐えるように、強度の他に耐摩耗性に優れた高張力鋼板を溶接して作製されます。ドラムの内側には“ブレード”と呼ばれる耐磨耗鋼製の羽根があり、国内では螺旋状に二重に車両前方から見て時計回り（右回り）に取り付けられ、この羽根の間にさらにミキシング（撹拌）ブレードが取り付けられています。

撹拌（練りこみ・搬送）時にドラムは車両前方から見て右回転し、下側に押し付けられ溢れた原料が落下し、また押し付けられるという工程を繰り返し練り混ぜる「重力撹拌式」といわれる方法を取っています。排出時にはドラムは逆転し、上側へ押し上げられ排出口からＶ字型に配置されたスクープを経てシュートへ排出されます。

ドラムは走行中も回転させる必要があり、また車速と独立した回転制御や正逆回転が行えるよう油圧モーターを使用しています。車格（ドラム容積）により異なりますが、ドラム回転は一般に積み込み、排出時で1分間に1～10回転、練成時で8～12回転、

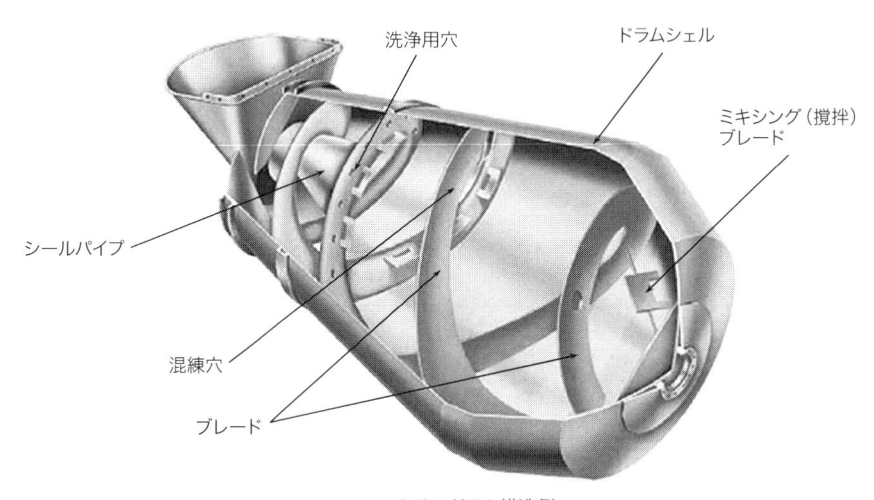

ミキサードラム構造例
（極東開発工業株式会社 HP より）

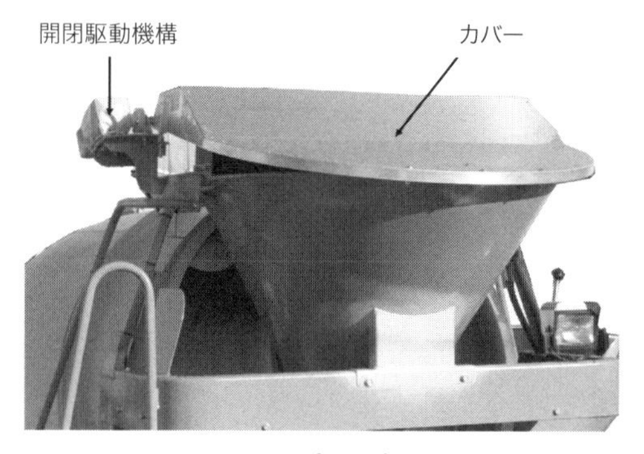

ホッパーカバー例
（カヤバ株式会社資料より）

走行時は1〜3回転といわれていますが、最近は混入空気の細密化や排出直前に混和材等を投入して短時間で均一化させるなど、コンクリートの高品質化への要求に従い、高い練り上げ能力が求められてきており、高速回転化の傾向にあるようです。

コンクリートは完全には排出されず、ドラム内部や、スクープ、シュートに残渣が残ります。残渣の残り量（排出性能）はミキサーの重要な性能で、ドラムの形状や羽根のレイアウトなどは各社のノウハウそのものです。当たり前ですがこの残渣は時間が過ぎると凝固し、そのまま放置すると積載能力低下や重心高アップをもたらし、機能を大きく低下させるだけでなく、状況によっては工場で生成されたコンクリートに“残渣”という異物が混入することにもなり、工場出荷時で保証した製品品質が搬送中に変質してしまいます。このためミキサー車は排出作業終了時にこれらを洗浄することが重要で、国内では大型で200リットル程度の専用の水タンクとバッテリー駆動のポンプを、海外ではドラム容積が大きいこともあり300から600リットル、最大で1000リットルの水タンクと、エアを0.4kg/㎠程度に減圧し水タンクに供給する空気圧送ポンプを備えています。水タンクは積載量に含まれる装備品で容量は重要なカタログ性能です。洗浄は人力でホッパー側から行うのが通常ですが、タンク内部に洗浄機構を有したものも存在します。タンク内の洗浄水はそのまま工場まで持ち帰りコンクリートと同じ要領で排出され処理します。建設工事のISO14000取得などにより、近年は現場環境配慮からスクープ、シュートの洗浄水もバケツで受け止め持ち帰っています。また搬送中の雨や異物に対する配慮として、ホッパーカバーもほぼ標準的な装備になってきているようです。

④タンク容積と積載量

徳利状のドラムの全てにコンクリートを入れて、回転させると溢れてしまいます。このためドラムの物理的な容量に対して、投入できる実際の容量を「最大混合容積」と呼び、実質的な積載量に相当します。一般に日本ではドラムの大きさを表す時はこの値を使用します。海外のカタログや仕様では（物理的）ドラム容量をGeometric drum capacity、最大混合容積に相当する言葉としてWater capacityなどと記載されているようですが、Water capacity等の記載がないものもあり、どちらを表しているのか注意が必要です。

⑤撹拌方式によるボディの差

ドライとウェット方式は車両で撹拌錬成を行うため、ドラムの内部が確認できるようになっていることが一般的です。対してアジテーター専用トラックでは車両レベルでのコンクリート生成に関わる作業はありませんので、異物混入などの防止のためにも密封されている方が好ましく、ホッパー先端を筒状に伸ばし、ドラムとの間でシールされています。

密閉形状にすることによりアジテータータイプはウェットタイプにくらべ同じドラム容積でも混合容積は大きくなり、逆の言い方をすると、狙いの混合容積が小さなドラムで成立する可能性があります。海外では兼用もしくはアジテータータイプでもドラム内部の確認を要望されることも多く、結果的にウェットタイプが使用されることが多いようで、ドラム内部

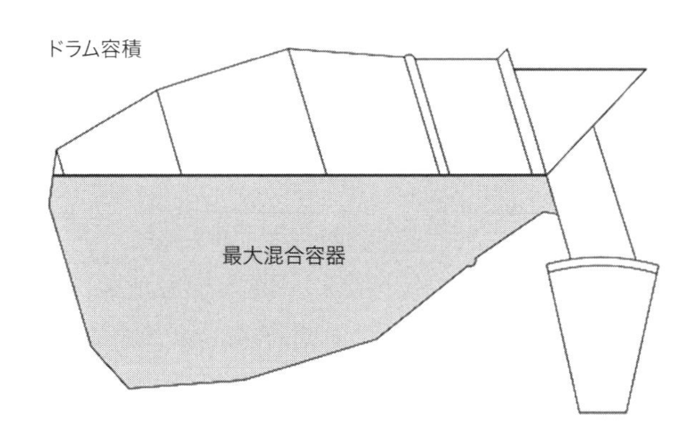

ドラム容積と最大混合容積

アジテータードラム

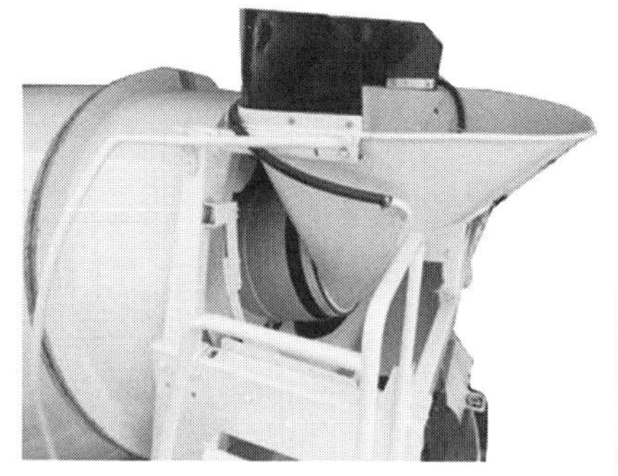

ウェットドラム

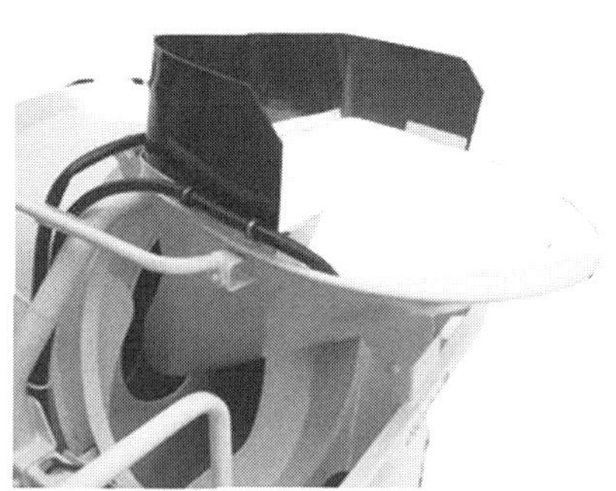

ドラム後端形状の違い例
（極東開発工業株式会社資料より）

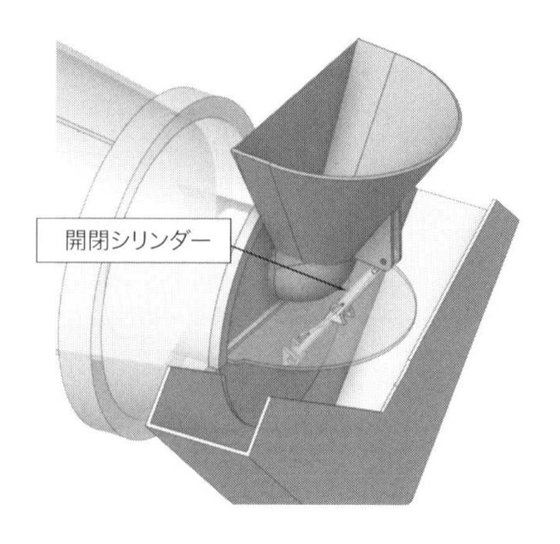

開閉機構付きウェットドラムのイメージ図
（欧州・中東の数社のカタログをもとに作図）

がのぞき込めるような開閉蓋の機構を有したウェットドラムも存在しています。その他ドライタイプでは骨材を直接撹拌するため羽の材質構造を強化しているケースがあります。

⑥ドラム容積（積載量）と搭載の車格

日本では容積物の架装物に関しては、容積と重量の関係が厳しく定められており、最大混合容積はドラム容量の51.5%以上、コンクリートの比重は2.4として、最大積載量はドラム容積の0.9～1.0の範囲である必要があります。少々わかりにくいので例を示すと、総重量20トン級大型ミキサーで最大混合容積4.5㎥のドラムを搭載しようとすると、ボディ架装後での最大積載量は最低で、

4.5(㎥) × 2.4(トン/㎥)×　0.9　=9.7(トン)

となり、さらに水タンク容量分の重量、例えば200ℓ（200kg）を加えた9.9トンの積載余裕（量）が必要ということになります。これを満足できなければ、水タンク容量を少なくするか、例えばより小さな4.4㎥のドラムへ変更する必要があります。

海外でも車両許可総重量に応じて搭載可能なドラムの上限が設定されているケースはありますが、日本のように組み合わせに厳密なルールが存在する国はないようで、使用者が許容総重量の範囲で運用しているようです。この際の重量計算用のコンクリートの比重は2.4としているケースが多いようですが、運用にあたって実際の製品比重を用いて積載量管理を行っているケースも見かけます。

ちなみに実際のコンクリートの比重は用途により配合調合は異なりますが、一般的な仕様では2.3～2.35程度、比重2.4はかなり流動性の高い（水分の多い）仕様と言えます。

国内のものはカタログ他の資料でドラムサイズの推定は可能ですが、海外では各国ごとの許可総重量やボディ製作メーカーによる重量差、水タンクの要求値などの状況が異なり、正式には架装検討（重量検討）の必要があります。大掴みには比重を2.4として一般的なボディ重量で考えると、総重量26トン級で（最大混合容積）6－7㎥、33トン級で7－8㎥、40トン級で9－10㎥程度と捉えて差し支えはないと考えます。

いずれにしても商談時には、

・使用環境（ドライ、ウェット、アジテーター）

・ドラム容積とその数値はドラム本体なのか最大混合容積なのか

・積載量計算時のコンクリート比重の値

について確認しておく必要があります。

コラム　右か左か？（2）『ドラムの回転方向』

その昔、海外出張の折にホテルで迎えの車を待ちながら、目の前で行っていたミキサー作業を見かけた時に、何とはない違和感を覚えました。その時はなぜかわからなかったのですが、後日その理由に気がつきました。ドラムの回転方向が日本と違っていたのです。その後出張や、海外のカタログを見る機会があるごとに気をつけていると、どうも右ハンドルの国は右回転、左ハンドルの国は左回転のようです。

一般的にカーブを曲がる時、ハンドル位置（自分の乗車している側）の方向への旋回とその反対方向への旋回で横方向加速度に差があり、ハンドル側へ曲がる時の方が大きいという傾向があります。この特性に合わせた設計だったと推定されます。現在では車両性能も向上し（比較すれば差はあるのかもしれませんが）特に問題とするほどでもないためか、海外では左ハンドルに右回転仕様や、その逆も架装され使用されているようです。

右回りの例（日本製）

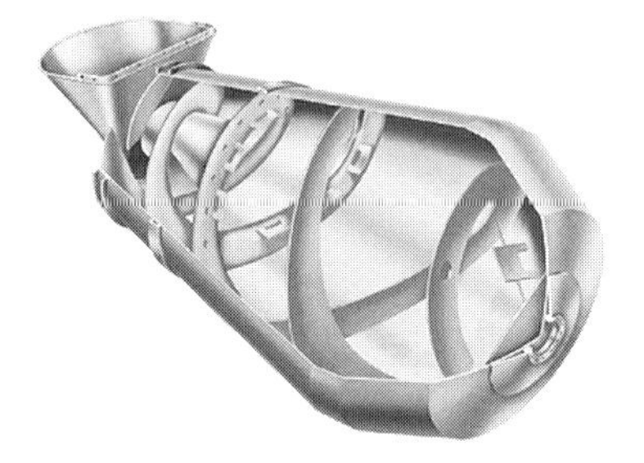

左回りの例（ドイツ製）

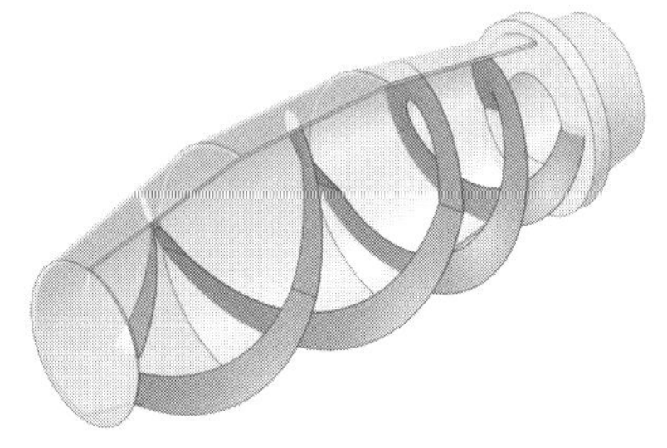

ドラムの回転方向の違い
（左：極東開発工業株式会社資料より　右：LIEBHERR社資料を参考に作図）

8)脱着式荷台

脱着式荷台にはその形状、方式によりアーム式、ローダー式、ワイヤー(スライド)式、水平脱着式などの型式がありますが、需要の大部分はアーム式です。

日本では各社の商品名でそのまま呼ばれることが多く、アームロール(新明和)、フックロール(極東開発)等と呼ばれていますが、海外ではRo-Ro(Roll-on Roll-offの略)やHook-Lift呼ばれることが多いようです。

日本では1997年の基準変更により、コンテナを積み荷として扱うことが認められ、一台の自動車で異種複数のコンテナ(荷台)の搭載運用が可能となり、需要が拡大したカテゴリです。主に架装メーカーの団体である(社)日本車体工業会がコンテナ、および専用車両(日本車体工業会での呼び名は「キャリア」)の安全性に関しての製作基準を定めています。基準への適合性や、搭載互換性を認定された日本車体工業会メンバーの製品には適合証が貼られていますが、架装メーカー製の他に鉄工技術のある会社が多様な仕様のコンテナを作製して供給しているようです。

主な用途は産業廃棄物回収が多く、住宅などの建設工事時には平ボディ状のコンテナボックスを「大型ゴミ箱」として設置し、発生する端材や梱包資材などの廃棄物を適宜回収したり、イベント会場などでは準備・撤収時は設営資材ゴミの回収、期間中は食品ゴミの回収と、目的に応じたコンテナを配置・収集したりしています。その他、

■アーム式

脱着式荷台の主な方式例
(極東開発工業株式会社・新明和工業株式会社資料をもとに合成作図)

■ローダー式

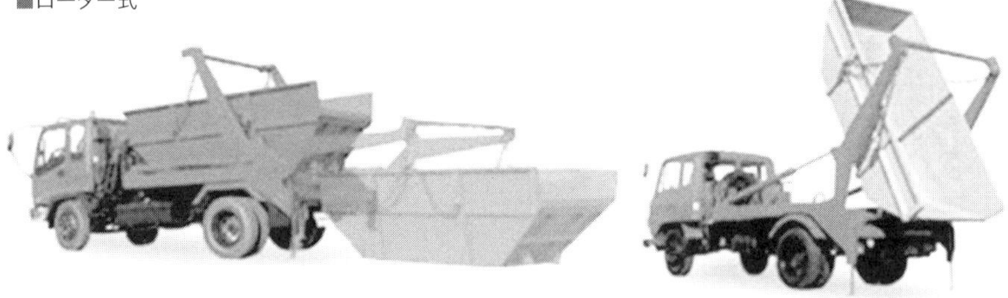

■ワイヤー式

■水平式

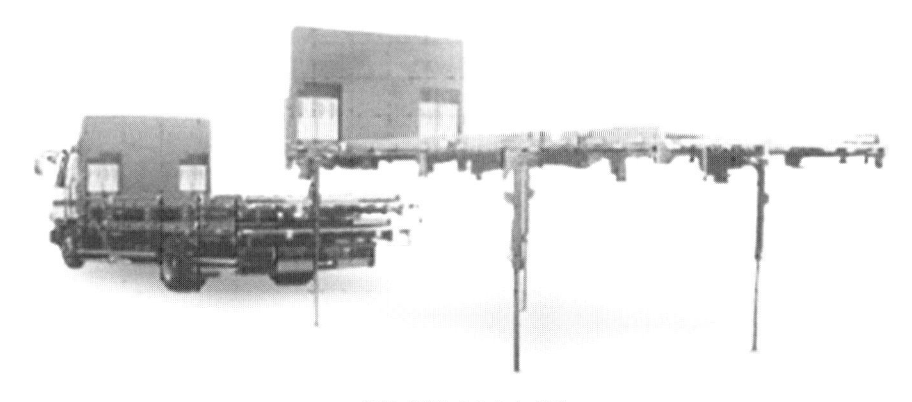

脱着式荷台の主な方式例
（極東開発工業株式会社・新明和工業株式会社資料をもとに合成作図）

脱着式荷台の例
（極東開発工業株式会社・新明和工業株式会社 HP より）

都市型水害対策車
（京都市消防局 HP より）

工場での廃材、加工屑などの集積と回収に多く使用されています。少し変わったところでは災害救援用途で、災害別に対応する設備や物資をまとめたコンテナを作成、用意し、必要に応じて積み替えて出動する救助工作車（システム）などがあります。

・構造とはたらき

アームの先端にあるフックを、定置されたコンテナのリフトバーにかけ、シリンダを引き下げることによりアームがたたまれ、コンテナを引き上げます。コンテナは車両後端にあるローラーにガイドされ車両側のレールを滑り、固縛用のロック機構に嵌合され固定されます。このときガイドローラー付近（フレーム後端）にはコンテナの重量が集中するため、前車軸の浮き上がりを防ぐ目的でリアジャッキが装備されています。また走行中コンテナはフックと固縛ロックの3ヵ所のみの固定となるため、大型では固定を確実にするためロック機構を油圧により行うものもあります。

回収したコンテナ（荷物）は処分場などに回送され、油圧系統の切り替えによりダンプし積荷を排出します。このため汎用のコンテナのリアゲートは両開きの観音式が一般的です。

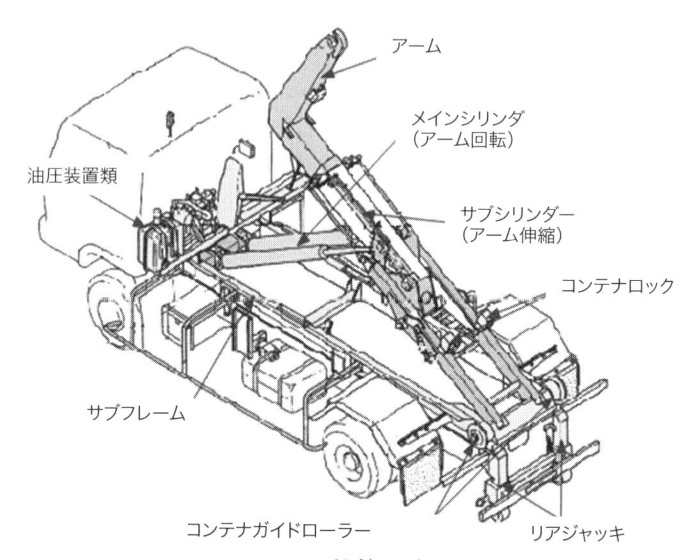

アーム式脱着コンテナ車構造
（新明和工業株式会社 脱着ボデートラック解体マニュアルより）

通常アームの旋回中心はリア車軸のやや前方付近に設定されていますが、固定されたアームではホイールベースが長くなるに従い、フックの最高到達点が高くなってコンテナの傾斜角が大きくなり、あたかもダンプしながら脱着させることになってしまうため、アームに伸縮構造を持たせ、コンテナの最大傾斜角があまり大きくならないようにレイアウトされています。

各駆動機構はトランスミッションサイドPTOで駆動される油圧ポンプから供給された油圧をアームの回転や、伸縮、ダンプ等に切り替えて行われます。油圧ポンプを除けばサブフレームから上側でほぼ完結し、レイアウト上の制約は少ない架装物です。そのため、搭載コンテナサイズに応じシリーズ化された架装ユニットに対して、それに適した許容重量とホイールベースのシャシのフレームのリアオーバーハングをカットして搭載されます。注意すべき点として、コンテナの脱着作業時にガイドローラー回りにコンテナ荷重の大部分が集中する状況があり、特に大型ではクロスメンバーの追加を始め、ローラージャッキの取り付けやフレーム補強の追加など後端部の座屈対策が実施されています。

海外ではHIABをはじめ大手装置メーカーが広くキット販売を行っており、また現地

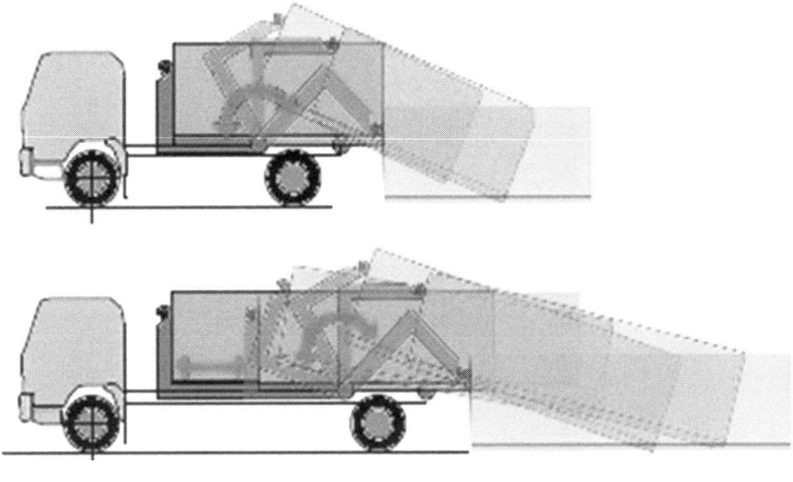

アーム式動作例

オリジナルで作製、架装している例も多く、比較的よく見る架装物です。概ね日本と同じような廃棄物回収用途が中心で、中小型では収穫が機械化に不向きで人海戦術に頼っているような大規模農場の一次集積等にも使われているようです。自身の感覚としては、日本よりも大型なものを見かけるように感じます。基本的にRo-Ro/Hook-Liftを搭載しようとする架装メーカーは、フレーム回りの補強についてある程度の経験とノウハウを持っているはずですが、引き合いにあたっては許容重量だけでなくフレーム仕様、形状にも注意が必要です。

9)トラクタ（セミトラクタ）

以前に触れましたが、日本の大型トラック物流の主力は25トンの4軸低床ウィングで、トラクタは海上コンテナ、タンクローリーなど特定の荷物を除いた一般的なカーゴのカテゴリでは少数派です。一方海外に目を向けるとトラクタが一般的で特に米国、欧州ではフルトレーラの単車運行を除き3軸の単車カーゴを見かけることは皆無です。

色々な要因が考えられますが、ここではその話はひとまず置き、構造、特徴などを中

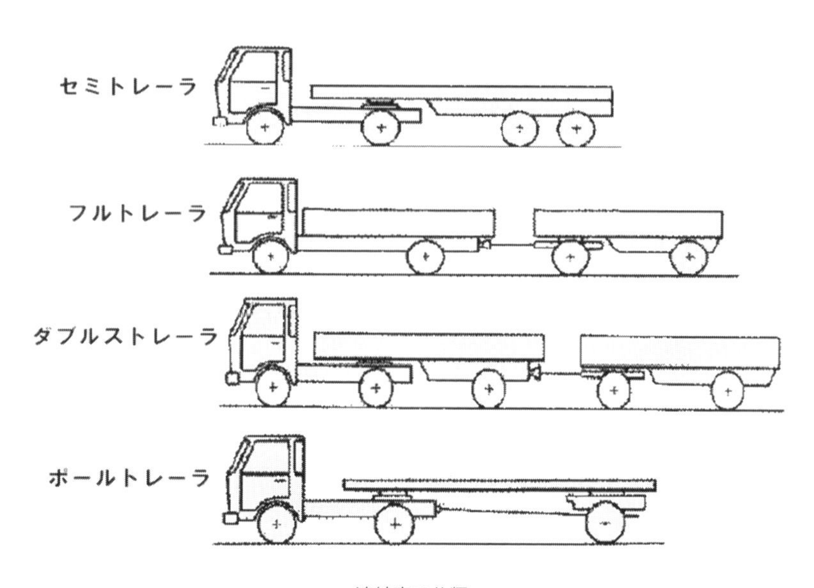

連結車の分類
（JIS D0101-1993「自動車の種類に関する用語」より抜粋）

心に基本的な説明をしたいと思います。

日本ではトラクタというと世間一般的には農耕用のfarm tractorと認知されがちで、「トレーラ」と呼ばれることが多いように見受けられます。例えばJIS の定義でも連結された状態はセミトレーラ式連結車両ですが、牽引車は「セミトレーラ［用］トラクタ」（セミトレーラをけん引するように設計されたモータビークル）です[7]。

「トラクタトレーラ」の組み合わせには、セミトレーラの他にカーゴトラックの後方にさらにトレーラを連結したフルトラクタ、2台、3台のトレーラを連ねたダブルス、トリプルスなどがありますが、ここではセミトレーラを連結した「セミトレーラトラクタ」について話を進めます。

海外でも色々な呼び名があり、tractor head、semi tractorなどの他にordinary truck、prime mover、articulate、18wheelerなどとも呼ばれています。

①構造

トラクタは荷台部分に相当するトレーラと連結されて運用されます。このためお互いの車両にはこの連結に必要な装置・機器が搭載（架装）されています。トラクタ側に取り付けられた連結機構をカプラや第五輪と呼びます。この第五輪という名前は英語の5th wheel（5th wheel coupler）の和訳で、馬車のドーリ（回転部分）が語源です。構造はトレーラ側に取り付けられたキングピンという直径50mm（2インチ）もしくは90mm（3.5インチ）、長さ約90mm のピンを連結するジョーと呼ばれる機構とトレーラの荷重を支えるテーブルと台座（カプラ）で構成され、シャシフレームと固定されています。キングピンのサイズは2インチが標準的ですが、重量物用や一部地域では3.5インチがあり、当然ジョーは3.5インチ用が必要になります。テーブルはトレーラのキングピン荷重を支えるため丈夫な鋳物製が一般的ですが、荷重の小さい仕様では鋼板を折り曲げた板物仕様もあります。旋回時にトレーラはカプラ上をピンを中心に滑りながら回るため、円滑に動くようにクロムモリブデン系の金属磨耗に優れたグリースを塗布して使用することが一般的なため、鋳物製の製品の表面にはグリース溜めのための溝が設けられていますが、板物の表面は平坦です。

カプラのテーブルがピッチング方向に動く形式を1軸カプラ、さらにローリング方向にも動くものを2軸カプラと言います。カーゴ用途のトレーラを連結するトラクタでは1軸カプラ

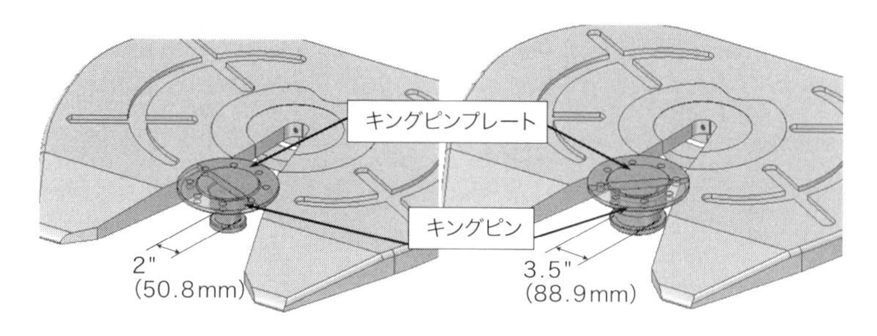

キングピンの種類

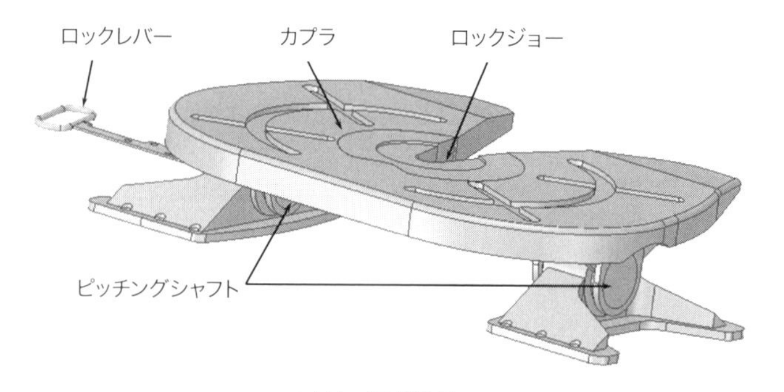

1 軸カプラ構造例

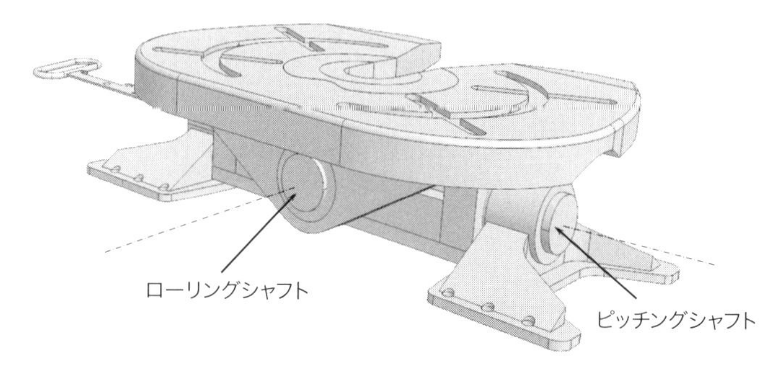

2 軸カプラ構造例

が一般的で、2軸カプラは大型機械運搬など不整地を走行する可能性のある、重量物用途のトレーラを連結する6×4型（前1軸・後2軸／2軸駆動）で使われています。

トレーラには走るためのエンジンはもちろん、ブレーキのためのエアソース、灯火類のための電気もありませんので、トラクタ側から供給します。ブレーキの作動のための空気圧を供給する「サービスライン」（コネクタが青または黄）とトラクタからの指示を伝える「エマージェンシーライン」（コネクタが赤）の2本（系統）のホース、フラッシャーやストップランプ等を連動して点灯させるためのジャンパーケーブル、さらに（トラクタ側に装備のある仕様では）ABSやEBS（電子制御ブレーキシステム）を連動させるためのコネクタが装備されています。

その他、連結時の配管、配線接続などの作業のためのプラットフォーム、トレーラ脱着時のガイド（滑り台）の役割を果たすトレーラカプラガイドなどが架装されています。プラットホームにはその形状により全面、T型、I型、材質もスチール、アルミ等がありますが、基本的には使い勝手よりも余裕重量の視点で選択架装されています。

カプラはトラクタの牽引力を伝えるためフレームと固定される必要がありますが、フレームの上面に直接穴を開け固定することは、フレーム強度の低下をもたらす可能性があ

トラクタ主要装置と架装例
（いすゞ自動車株式会社カタログに加筆）

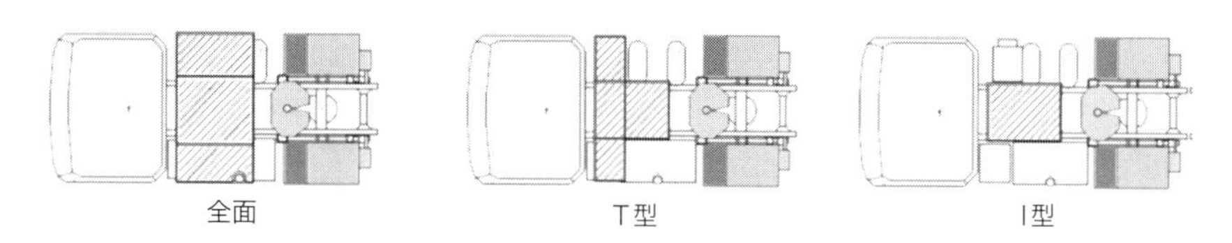

プラットフォーム（踊場）例

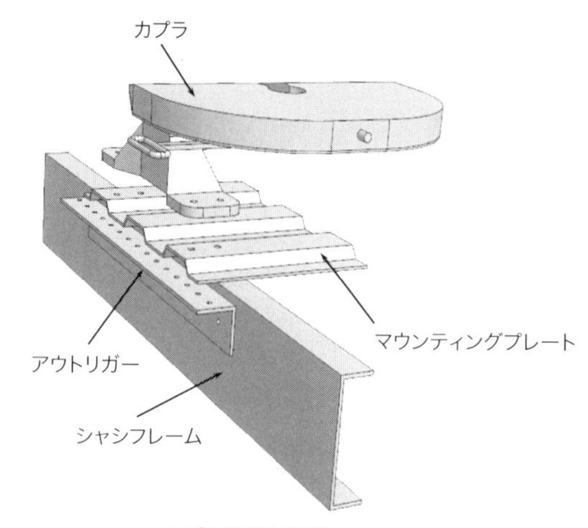

カプラ搭載方法例

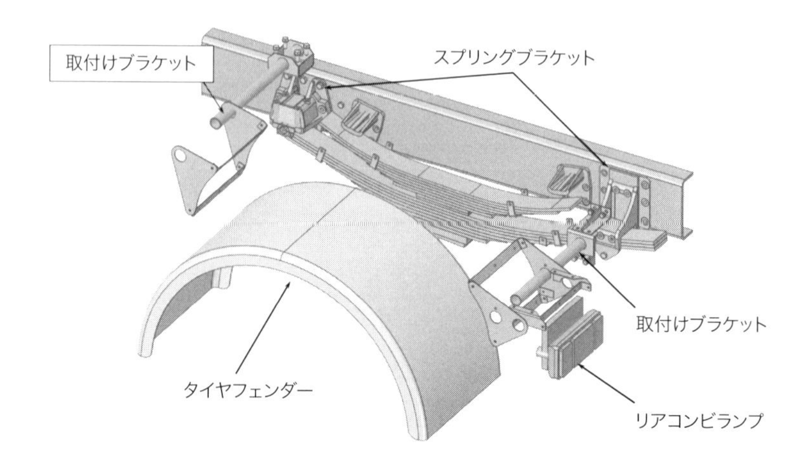

フェンダー＆リアコンビランプ兼用ブラケット取付け例
（いすゞ車体株式会社およびいすゞ自動車株式会社資料諸元値をもとに作図）

フェンダー&リアコンビランプ取付け例
（海外エアサスペンション車）

るため側面にL 型のアウトリガーをボルト止めし、この上に搭載（固定）されます。また、リアタイヤのフェンダーは通常のトラックではボディ側から取り付けられていますが、トラクタではリアスプリングのブラケットとの共締めやフレームに直接取り付けられ、多くはリアコンビランプの取り付け架台として共用されています。トレーラの荷台地上高（荷室高さ）はトラクタのカプラの地上高が決定因子となるため、なるべく低く抑える必要があり一般のトラックの荷台のような根太組み構造を取ることができず、直接シャシフレームに取り付ける（手を加える）ことが多くなるのがトラクタ架装の特徴です。

②搭載オフセット

カプラの取り付け位置と後軸中心までの距離をカプラオフセットと呼び、トラクタの架装仕様を表す重要な数値です。

カプラにかけることができる荷重を「（最大）第五輪荷重」と言い、単車の（最大）積載量に相当します。カプラオフセットが小さくなると後軸への負担が大きくなるため、後軸の許容軸重または法規としての最大軸重が、オフセットが大きくなると前軸の許容荷重が、（届け出総重量から空車重量を差し引いた）最大積載量の成立の限界となります。一般にはオフセットが大きくなると第五輪荷重も大きくなります。

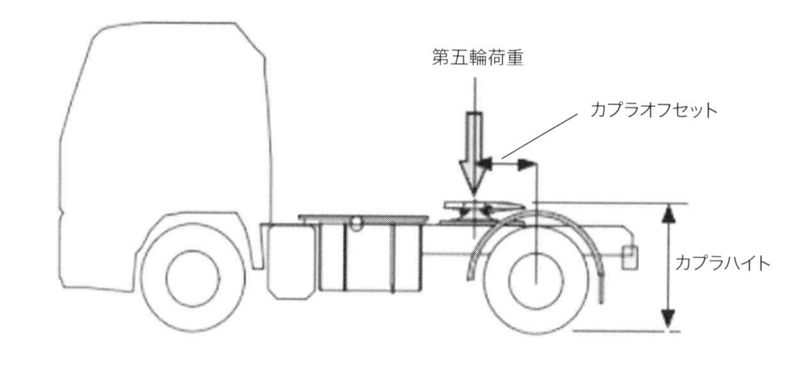

第五輪荷重とカプラオフセット

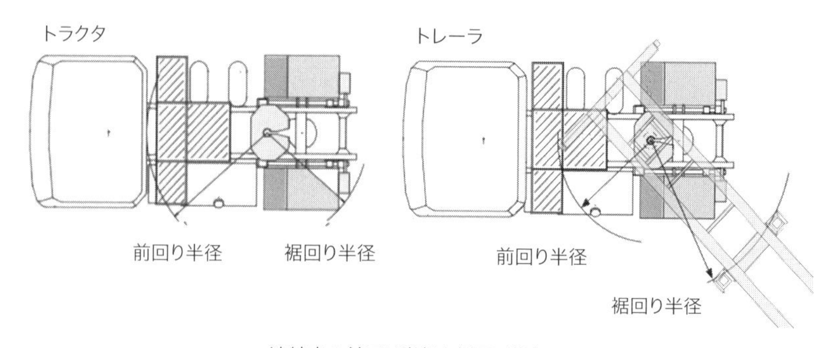

連結車の前回り半径と裾回り半径

トレーラはキングピンを中心に旋回します。カプラを中心にキャブや連結用のホース架台など、トラクタの構造物までの物理的（最短）距離を「前回り半径」、同じく後ろ方向の距離を「裾回り半径」と言います。トレーラ側にも同様の数値（諸元）があり、前回り半径はトラクタ>トレーラ、裾回り半径はトラクタ<トレーラの関係が成立しなければ旋回時にトラクタとトレーラが衝突してしまいます。

カプラオフセットが大きい方が第五輪荷重は大きくなりますが、前回り半径は小さく、裾回り半径は大きくなるため、物理的に連結できるトレーラは少なくなります。

連結可能な組み合わせの視点に立てば、オフセットは小さいほうが有利ですが、日本国内では連結の組み合わせに関していくつかの基準（規制）があります。連結するトレーラの前側にかかる重量をキングピン荷重とよび、トラクタにとっての積載量にあたります。このため『第五輪荷重≧トレーラのキングピン荷重』である必要があり、一つの車型の中で数種類の第五輪荷重とするためにオフセットを変えて展開をしています。

海外ではトラクタの軸数とトレーラの軸数の組み合わせにより最大連結総重量を定めているケースがほとんどで、連結組み合わせ時のトラクタ第五輪荷重とトレーラのキングピン荷重の関係についての規定を目にしたことはなく、物理的に連結可能なトレーラを多くするため前・裾回り半径優先でカプラ位置が決められているようです。

トレーラの寸法諸元はISOで基本的な決まりがあり、国によりバンパーや突起物の扱いなどで実際の値には多少の違いがありますが、長さ方向でキングピンから12m程度、またキングピンから前側の値は、旋回時の隣の車線へのはみ出し量の上限を定めて、その値から前回り半径で最大2040mm、キングピンから車両先端まで(フロントオーバーハング)は1650mm以下としています。このサイズのトレーラは日本ではキングピン荷重(第五輪荷重)の関係で6×4型トラクタの組み合わせになることが多く、特殊なものを除きカーゴ用としてはあまり流通していませんが、欧州および欧州の経済影響下にある国ではユーロトレーラなどと呼ばれることがあるなど一般的で、4×2型トラクタの組み合わせで普通に流通しています。

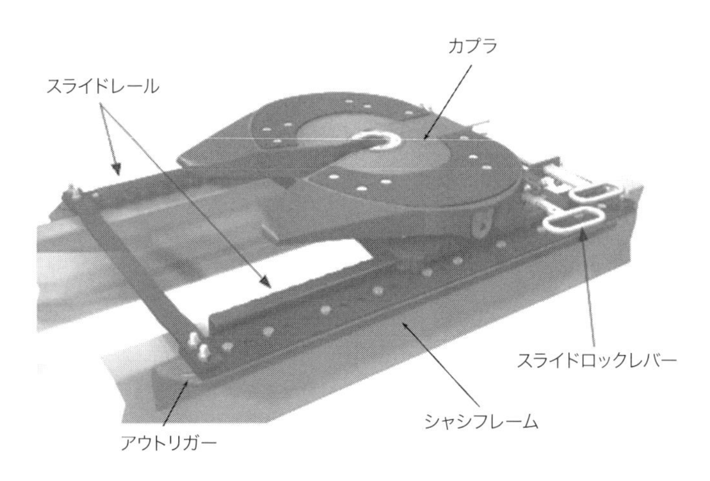

スライディングカプラ例
(ヨースト・ジャパン株式会社 JSK SL Standard 型)

このトレーラに対応するためには前回り半径を確保する必要があり、4×2型トラクタではホイールベースは3600mm程度と、国内の一般的なのものよりも長く、カプラオフセットも400mm程度が必要となり、その近傍値を標準としているものが一般的です。ちなみにそのカプラオフセットでも多くのトレーラとの連結運用が可能ですが、汎用性をもたせるため欧州など先進諸国ではカプラ位置を変更できるスライディング式も普及しています。

一方トレーラの裾回り（一般的にはキングピンからランディングギアまでの距離）は多くのトレーラで2200mm程度で、裾回り半径もほぼこの値になります。4×2型トラクタでは全く問題のない値ですが、（構造上）裾回りの余裕が小さくなってしまう6×4型では、この値を確保するために200～400mm程度のカプラオフセットとしたものが同じく一般的です。

連結車は日本を始め、一部の特殊車両を除けば世界各国でトラックとして一番重い（積載量が多い）車両です。その値は各国で異なりますが、考え方は軸数と各軸の許容の総和と最大値で捉えることができます。基本的に軸重はその国の道路設計基準を、総重量は橋梁強度を根拠としており、大きく見ると軸重は概ね一軸最大10トン（シングルタイヤはタイヤの許容荷重）、タンデム以上の軸は一軸9～9.5トン程度ですが、連結総重量は36トン程度から55トン程度までと各国によりまちまちです。

国により重量条件は異なりますが、総重量の大きな国で使われる車と少ない国で使われる車では必要とされる駆動力（牽引力）に違いはあっても、積載量（第五輪荷重）は一般にはトラクタの後軸の許容荷重が上限になるため、強度としての最大積載量（第五輪荷重）に大きな違いはなく、一般的には2軸の4×2型トラクタで最大12トン、6×4型トラクタで同じく20トン程度です。

日本、海外ともトラクタヘッドは専用シャシですが、海外では時折ダンプシャシを転用してトラクタに改造しているケースがあります。車両性能適否は別にして、トラクタ化のためにはトレーラパーキングブレーキ、トラクタコントロールバルブなどの連結車特有の装備や、トレーラ側のブレーキ作動のための空気消費量を見込んだエアコンプレッサーの能力アップなど、シャシ側では比較的高度な改造が必要となり、欧州のEC基準では連結車の安全に関する項目が改定ごとに厳しくなってきており、これらの基準採用国では他車型からのトラクタ改造は事実上不可能になりつつあります。

組合せ		日本				EC（EC Directive EC/96/53）				その他国例（コロンビア）	
トラクタ	トレーラ	GCW	トラクタ	トレーラ	備考	GCW	トラクタ	トレーラ	備考	GCW	備考
		(38)	(20)	28	トラクタとトレーラをおのおの一台の自動車として扱い、連結総重量は結果として何トンになったかという扱いで、それ自体の基準はない。 トラクタの最大重量はWBにより異なり、法解釈上は25トンまで可能だが、セミトラクタのWBでは最大20トン、4×2型ではシングルタイヤの前軸許容が限界で17トン程度、トレーラは車軸数に関わらず総重量は28トンが最大。 車軸数が増えると車両重量も増加し、積載量が減少するためカーゴ系は2軸車が一般的。 トレーラ全長（WB）が長くなるとキングピン荷重が大きくなり、概ね11トンを超えると6×4型のトラクタヘッドが必要になるが、組み合わせとして高価、連結総重量が増大するため一般的な仕様としてはほとんどなく、10トン以下（9～9.5トン）として4×2型トラクタで成立させている。 ※表中に記載のGCWは一般値 少々複雑であるが、実際の道路運行に関しては車両の成立（保安基準）とは別に「道路法」（車両制限例）という基準があり、重さ、長さに応じて走れる道路、通過できる橋の条件があり、日本中どこでも好き勝手に走れるわけではない。	44	26	24		52	
						40		20	EC基準（通達）は、考え方としてこの値を満足していれば加盟国間は移動可という最低値。道路・橋梁規格が高い（整備された）国ではこの値を上回っている。 欧州の特徴的な基準として、軸重に関して駆動軸とそれ以外を分け、駆動軸は11.5トン（国によってはそれ以上）としている。	48	車両形状（軸数）と連結組み合わせに対して法令上の「呼び名」と最大重量（連結総重量）や全長等が定められており、単車とフルトレーラの総重量の規定はあるが、セミトレーラにはなく組み合わせの総重量が規定されている。 基本的に軸重合計に近い。全体に許可総重量は大きいが、トラクタ2軸+トレーラ2軸の組み合わせ時の重量は少なく、法規のためか、実態に合わせたのか中型ベースのトラクタカテゴリといえる。 ※軸重基準はシングルタイヤ6トン、ダブルタイヤ11トン、タンデム（ダブルタイヤ）22トン、トリプル（ダブルタイヤ24トン）
		(35)	(17)			40	18	24		40.5	
						38		20		32	
	ISO　コンテナ	(42)	(17)	(35)	ISO規格40フィート海上コンテナ最大重量（コンテナ+積載）30.48トンを運送しようとすると、トレーラ総重量は35トン程度になりWB制約他によりリア3軸シングルタイヤとして合計軸重24トン、キングピン荷重11トン程度の車両（トレーラ）になる。4×2型トラクタで連結牽引するとトラクタの軸重が10トンを越えるが特例（保安基準緩和）として認められている。	42	18	26	スペインを始め多くの国でISO40フィートコンテナ運送を対象に連結総重量40トン超を認めている一方、実態として30.48トンの40フィートコンテナは全体の比率は少ないため、その場合は3軸+3軸の運用として特例を設けていない国もある。 ※表数値はスペイン		特に定めてはいない
		-	-	-	基準の重量を超えるような大型の荷物を運ぶ必要がある場合は例外規定（保安基準緩和）がある。 通行道路（許可）に関しては重量や長さ、幅により当然規制が厳しくなり、通行可能道路の制限の他に速度制限、通行時間帯、先導車の追加等が加ってくる。	–	–	–	各国とも「The carriage of abnormal and indivisible loads」と言うような定義で、例外的な運用を認めており、許可条件も使用道路、速度制限、先導車などの他、国によっては道路補償（補修費）の性格で納付金を納める場合もある様子。		

各国の連結車組合せと総重量例

トラクタ（連結車）はその国の最大重量車種であり、2台以上の車両を連結して運用するため、連結組み合わせの安全性や妥当性の検討、道路負荷を考慮した運用に関する法令、分解しては運べない大きな荷物のための例外措置（基準緩和・通行許可）の存在など、単車と比べ少々複雑です。これらの仕組みについて全てを理解するには少々手間がかかりますが、概略でも理解できると、商業車の使用環境に関してかなり自信が持てるようになります。興味のある方は勉強してみてください。

10）タンクローリー

荷台がタンク型の車両の代表格はいわゆるタンクローリー（登録上の車体形状分類では「タンク車」）ですが、荷台がタンク型の車両はタンクローリーの他に水を扱う給水車、散水車、飼料やセメント運搬用の粉粒体運搬車、少々特種な物を扱う車両として、アスファルト運搬車、糞尿車があります。これらには車検証に記載される車体形状コードと名称が付与され、別の形状とされていますので、ここではタンク車（タンクローリー）について話を進めたいと思います。

①基本構造

用途により細部は異なりますが、大きく見ると構造は前後に鏡板と呼ばれる曲面状の壁板とそれを巻く胴板で構成され、荷の取り扱い単位や法令により複数の槽に分割されていることが多く、さらに車両の制動や旋回時の液体（積み荷）の揺動を防ぐ（減少させる）目的で、防波板（バッフルプレート）と呼ばれる板が設置されています。タンク上面に積み込み用口と、下面に排出用の配管とバルブ類が設置され、配管中に動力排出用のサイドPTOで駆動されるポンプや吸い込みと排出を兼ねたコンプレッサが組み込まれ、これらがサブフレーム上に固定され車両に搭載・締結されます。タンクの形状は円形が基本形ですが、危険物搬送用では安全性の視点で重心高が下がる楕円形のタンクが使用されています。石油用途では積載効率や工作性の良い矩形のタンクも増えつつあり、海外ではこちらの方が一般的なようです。その他日本は法令でタンクは必ず10％の空間容積を持つ必要があり、物理的な容量の90%までしか搭載（充填）することはできません。各タンクは構造の複雑さや、使用する材質もアルミやステンレスな

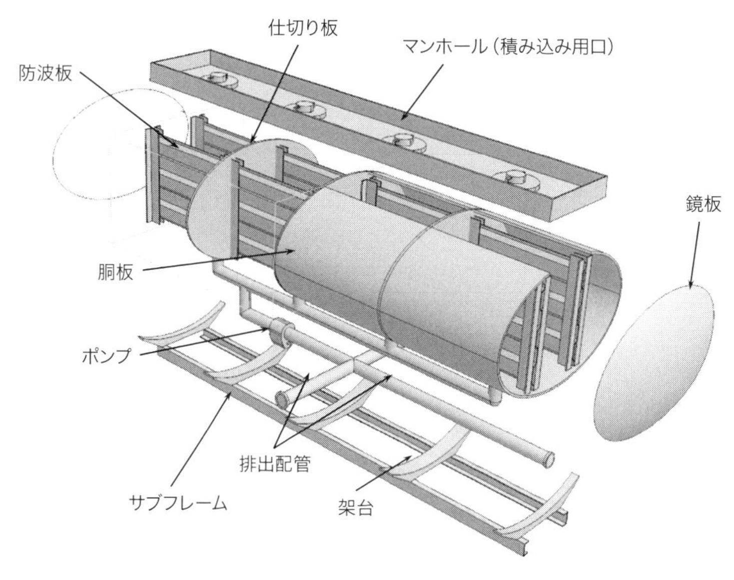

タンク車基本構造

ど高額のものが多く、結果的に全体に高価でかつ耐用年数も搭載するシャシよりも長いものも多く、載せ替えて使用することが多いことも特徴の一つです。

②分類と特徴

タンクローリーは色々な分類で語られていますが、用途別でみると、石油(タンク)ローリー、ケミカルローリー、ガスローリーと食品その他に分類することができます。

タンクは積載する積荷により取り扱いや貯蔵、運搬(移送)に関してほとんどが消防法、毒劇物取締法、食品衛生法、高圧ガス取締法の、また積載物によっては複数の法令の適応をうけます。さらに計量法に対応する必要があるなど、車両である前に積載物に適応した貯蔵器としてとしての成立や、さらにそれが移動できるようにするための要件に適合させせることが基本で、これに対応したタンクが道路運送法上の重量、寸法に収まるようにトラックに搭載されていると言って良いかもしれません。

分類	主な積載物		所管法令					タンク形状・構造			
			消防法	度量衡法計量法	毒劇物取締法	高圧ガス保安法	食品衛生法	形状	材質	備考	荷役（排出方法）
石油	危険物	ガソリン・灯油・軽油　等	○	○				楕円 矩形	アルミ 高張力鋼板	消防法では最大量が一室（槽）4kℓで最大30kℓに規定されており、タンク内が4－5室に分割されている。	・重力方式 ・ポンプ方式
ケミカル	危険物	アルコール・ベンゼン等 過塩素酸，過酸化水素，硝酸等	○		○			楕円 真円	ステンレス FRP チタン	消防法（危険物）の場合は規定容量の槽分割の他、積載物の特性に合わせた材質やタンク内側にフッ素樹脂などの加工を施したもの、保温機構を持たせている場合も多い。	・重力方式 ・ポンプ方式 ・コンプレッサー（吸込み/排出）
ケミカル	苛性ソーダ 硫酸等の液体化学品 産業廃棄物				○						
食品その他	危険物	動植物性油	○				(○)	楕円 真円	ステンレス FRP	食品輸送用途では保温（温度管理）のため二重構造も多い。	・重力方式 ・ポンプ方式
食品その他	牛乳/液糖類/醤油酒類 その他食品原料						○				
ガス	液化天然ガス 液化石油ガス（LPG） 液化窒素/液化炭酸ガス 等		(○)		(○)	○		真円	ステンレス ステンレス＋アルミ	タンクは断熱タンク（魔法瓶と同じ二重構造）で内殻にステンレス、断熱材もしくは真空槽を挟んで外殻と連結される	・基地側設備 ・ポンプ式

※あくまで概略。積載物は多岐にわたり、その特性により仕様は上記と異なる場合もある。法令は代表例を示した。安全に関わる項目であるので、これらの法をもとに取り扱い規則や施行令など細則も多い。

タンクローリーの分類と特徴

・石油ローリー

タンクローリーといえば多くの人は石油ローリーをイメージすると思います。最近はガソリンスタンドの減少、特に街中の中・小規模のスタンドが減り、郊外では大型店化の傾向があるためトラック型よりも24kℓ以上のトレーラ型が主流になりつつありますが、トラック型では総重量20トンクラスで16kℓ、25トンクラスで20kℓのスタンド向け配送用、2～6kℓ程度の灯油配送を主目的にした中小型などがあり、依然ある程度の比率を占めています。

主な積荷であるガソリンや軽油は消防法による第四類の引火性液体に該当し、一品目当たりの最大貯蔵量が4kℓ、これらの組み合わせ（混載）でも最大量30kℓと規定されており、タンクは一槽が2kℓもしくは4kℓごとに分割されています。またこれらを移送するタンク車は道路運送車両法の車両とは別に、消防法により「車両に固定されたタンクにおいて危険物を貯蔵し、または取り扱う貯蔵所（移動タンク貯蔵所）」として扱われ、構造や装置類には詳細な基準が設けられています。これによればタンク外殻や内部仕切りは3.2mm、防波板は1.6mm以上の鋼材または同等の強度以上の機械的強度

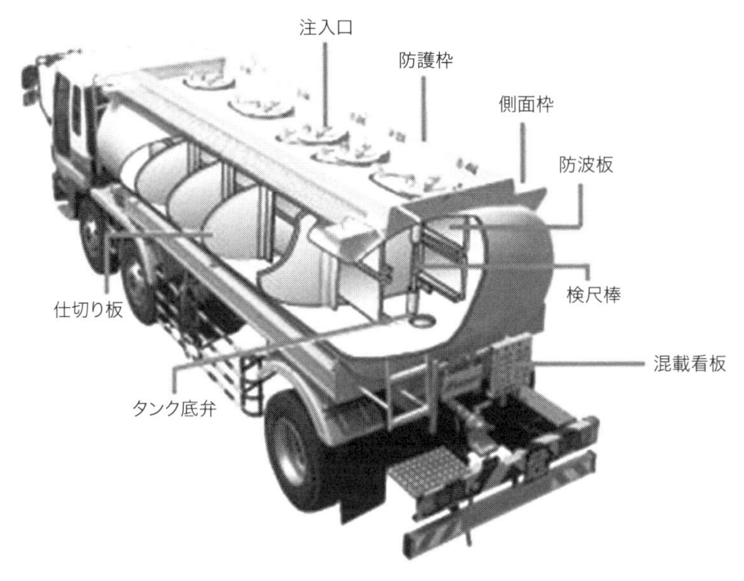

16kℓ石油ローリー（アルミタンク）構造例
（極東開発工業株式会社資料より）

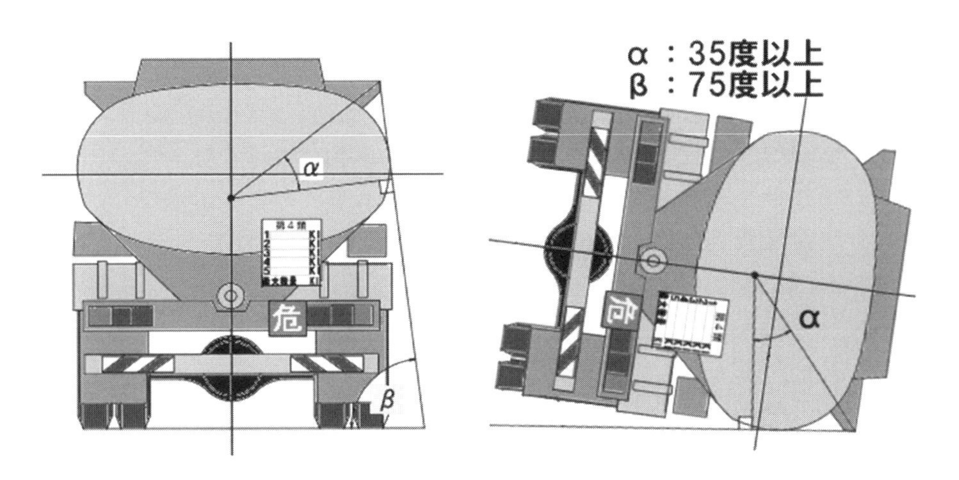

側面枠の基準（「危険物の規制に関する政令」条文をもとに作図）

を有する材料で製作する必要があり、現在の日本市場の主流であるアルミタンクでは4～5mm程度の板厚で作製されています。

またタンクは1台ごとに水圧検査を受ける必要があり、通常はタンク単体（缶体）完成時に製造を行った会社所在の市町村（所轄の消防署の立会）による検査の後、「タンク検査済証[8]」の交付をうけた後に艤装と搭載に入ります。危険物タンクの独特な装置（構造）として、板厚3.2mm以上の鋼材で、基底部120mm以上の山形構造をした防護枠を、上面の積み込み用マンホールや付属機構保護のため、マンホールやその付属装置よりも50mm以上の高さに設置したり、事故時の転覆防止を目的とした側面枠の設置などがあります。またマンホールや排出管やバルブの構造、安全弁の設置と構造などにも詳細な技術基準があり、これらは定期的な検査も義務付けられています。その他取扱いに関するものとして、車両前後面に危険物積載の表示、積載物の種類と量を示す混載看板の設置や油量確認用の検尺棒（計量尺）などがあります。

ちなみに、危険物の移送取り扱いには資格が必要で、石油ローリーの運転者（オペレーター）は第四類（引火性液体）の取扱資格である乙種第四類危険物取扱者（もしくはその上位資格である甲種危険物取扱者）の有資格者です。

・ケミカルローリー

トラックで搬送されている化学薬品は苛性ソーダ、硫酸等の液体化学品から工場廃液等の産業廃棄物まで非常に多岐にわたっており、それらのほとんどは毒物劇物取締法の対象です。同法は取り扱いに関する規定[9]が主で、タンクの構造基準に関する規定は法令化されていませんが、材質や強度、内部構造をはじめ、マンホールや配管および防護枠、側面枠等の安全保護装置に関して、消防法の移動タンク貯蔵所の技術基準とほぼ同じ内容が運用指針として示されており、各メーカーとも自主的にこの指針に沿い作製・検査を行っているようです。また積荷の内、各種工業製品の原料として用いられることが多い有機過酸化物類や過酸化水素、硝酸は各々消防法により第五類（自己反応性物質）と第六類（酸化性液体）、アルコール類は第四類（引火性液体）の危険物として規定され、これらを扱うタンクローリーは石油ローリーと同じく消防法の移動タンク貯蔵所の要件に適合させる必要があります。これらのことから想像される通り、基本構造はほぼ石油ローリーと同じです。タンクや配管の材質は積載物の特性上ステンレスが一般的で、その中でも強酸性、強アルカリ性などの腐食性の強い積荷用途ではFRPやチタンが使用されることもあります。またタンクやその内側に耐蝕コーティングを施した仕様や、低温流動性が良くない積荷向けには主に排出、積込時の荷役作業性の悪化防止のため、タンク外側をジャケットで覆って保温する仕様などもあります。

荷役は工場間の物流では払い出し、受け入れ側の設備で行う場合が多数ですが、通常のポンプによるものの他、腐食性の高い液体ではコンプレッサでタンク内に空気を送り、内圧を高めて圧送する仕様等があり、これらは車両側のPTOで駆動されます。

・高圧ガスローリー

トラックで可搬されている高圧ガスにはLNG（液化天然ガス）、LPG（液化石油ガス）の燃料用ガスの他、酸素、窒素、アルゴン、炭酸ガスなどの産業用ガスがあり、低温で液化された状態で扱われます。

これらのうち、大量に消費されるLNGやLPGなどの燃料ガスは石油ローリーと同様にトレーラ型が主流ですが単車も存在し、またLPGや産業ガスでは小口（大規模需要家）の配送用に供給設備を有した中小型のバルクローリーがあります。

液化ガスは、大気圧下において沸点が−150℃を下回る低温の液体が多く、常温下に放置すると直ちに蒸発してしまうため、温度を維持（外部からの熱侵入を防止）する必要から、タンクは魔法瓶のような構造をしています。

タンクは内圧を均等に受けるように円筒形が基本で、液体が貯蔵される内殻（内槽）とそれを取り巻く外殻（外槽）の二層からなり、内殻は低温の強度（低温脆性）に優れたオーステナイト系ステンレスが用いられ、内外殻間にパーライトと呼ばれる黒曜石や真珠岩などの天然火山ガラスを原料とした、断熱性の高い多孔質の粉末状の発泡体を充填します。さらに内外殻間を真空密閉した真空断熱構造が一般的で、タンク内部には他のタンクローリーと同じように、移送中の車両挙動への影響防止と液体の揺動による発熱防止もかねた防波板が設置されています。

その他、さらに超低温が必要な仕様では、内外殻間をステンレスなどの支持体で支え、シート状の断熱材と熱輻射を防止する材料を組み合わせ内殻に巻きつけるように重ねて埋めた積層真空断熱と呼ばれる方法が用いられています。またLPGはこれらの液化ガスに比べると液化温度が−42℃と高く、また1MPa（約10気圧）程度の加圧により液化するため、常温（液温40℃以下：保安規則）加圧した状態で運搬が可能で、小型のバルク仕様などでは一重の耐圧タンクが使用されています。

これらのタンク（容器）は高圧ガス保安法により「圧力容器」と規定されており、構造要件・技術基準等の他、耐用年数や定期検査等が詳細に、さらにこれらのタンク（容器）は事前に型式認定を取得する必要があるなど、かなり厳しい基準があります。

荷役（液化ガスの移充填）は、ポンプもしくは供給側を加圧することによる圧力差により行われます。タンクローリーへの積み込み時は工場側の設備で行われ、排出は車両に搭載された液化ガス用の遠心分離ポンプや加圧器（液化ガスを少量取り出し気化させ内槽に戻し昇圧させる）により排出させます。このポンプは15kW程度の電動モーターが一般的で、設備側から200Vの電源供給を受けて作動させるため、特に車両側からの動力供給は必要とされていません。

区分	ガス種類	沸点（℃）
燃料ガス	LPG	-42
	LNG	-162
産業ガス	液化窒素	-196
	液化酸素	-183
	液化アルゴン	-186
	液化炭酸	-75.8
	液体水素	-252.8

※ LPG、LNGの沸点は厳密には組成により異なる。数値は販売者・協会等が述べている値で概略

代表的な高圧ガスと沸点

11)荷役省力機械

荷役省力化、効率化のための省力機械には色々な装置・機構が開発実用化されています。これらには荷台内に組み込まれるものとシャシに取り付けられるものがあります。

11-1)荷台取り付け

荷台に取り付けられるものは荷室内の水平移動に関する装置が主で、パレットローダーや移動床などがありあります。

①パレットローダー

日本ではこの機構を紹介した会社である英国のJoloda社の名前が一般化し、「ジョルダーレール／ジョロダーレール」方式などの名称で呼ばれています。床に埋め込まれた深さ35mm、幅65mm程度のレールと、リフトアップ機構を有したスケーターと呼ばれるローラー台車を組み合わせて使用します。荷台の後部に積み込まれたパレットの下にスケーターを荷台後端からし入れ、差し込み式のレバーを倒すことでリンク機構により上面が床面よりも10−15mm程度リフトアップし、パレットを床から浮き上がらせ移動させます。移動終了後はレバーを戻すことでもとの高さに戻り、パレットを下ろしてスケーターだけを後ろへ戻して作業を繰り返します。作業終了後はスケーターはレールから取り出され、リフトアップ用のレバーなどとともに別位置に格納されます。

レールがパレット移動中の重量を負担することや、またレール形状に対応させるために床組は専用となり、高さも通常に比べ厚く(高床面、低室内高)なります。動作に動力を必要としないため、工場と倉庫間などを往復するパレット物流用のバン型車両などで一般的に使用されています。

他にローダーとして実用化(使用)されているものに、エアローラー方式と呼ばれるものがあります。これはレールの中にローラーが組み込まれており、ローラーの下のエアバッグへの空気の出し入れによりローラーを上下させパレットの移動を行います。

②移動床

前端に設けられた電動モーターで、床板を乗せたチェーンを駆動させることにより、

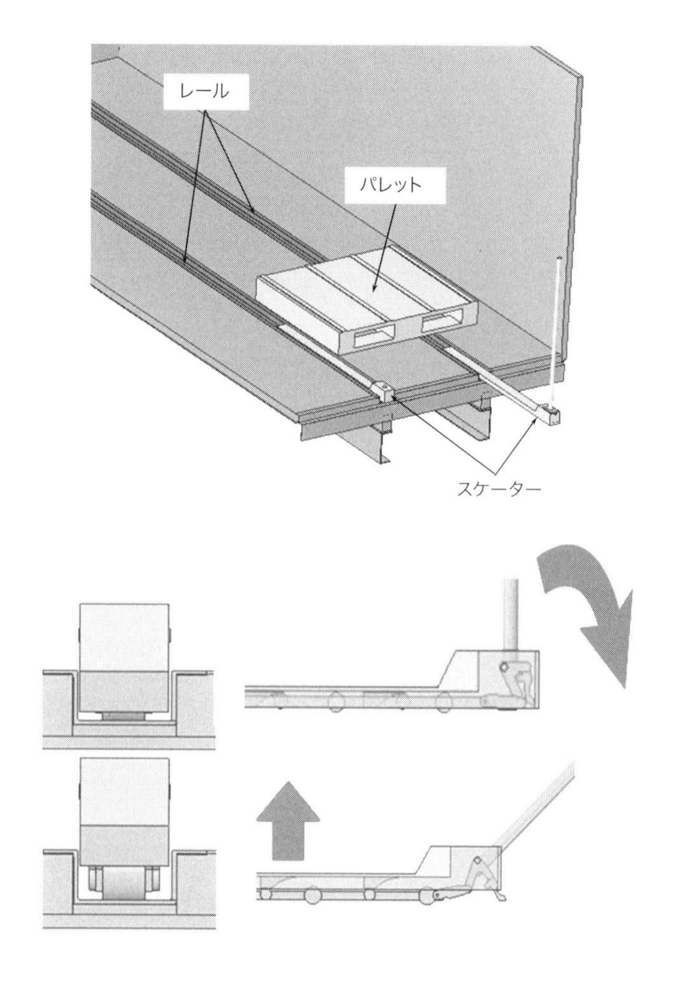

パレットローダー ジョルダーレール方式の例

床がコンベアのように回転移動します。文字通りベルトコンベアとしてエンドレスで回転する仕様もありますが、上面のみ移動（前後進）する仕様が一般的です。ボディ作成時から組み込まれるものは稀で、ほとんどは移動床の作製メーカーで完成した装置をボディに搭載します。移動床のモーターや駆動機構、使い勝手の関係で一台あたり2組の移動ユニットの搭載が一般的なようです。当然床面地上高の増加や積載量の低下、

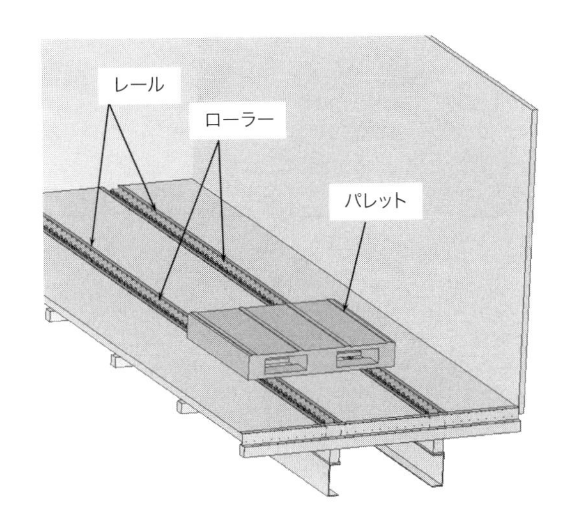

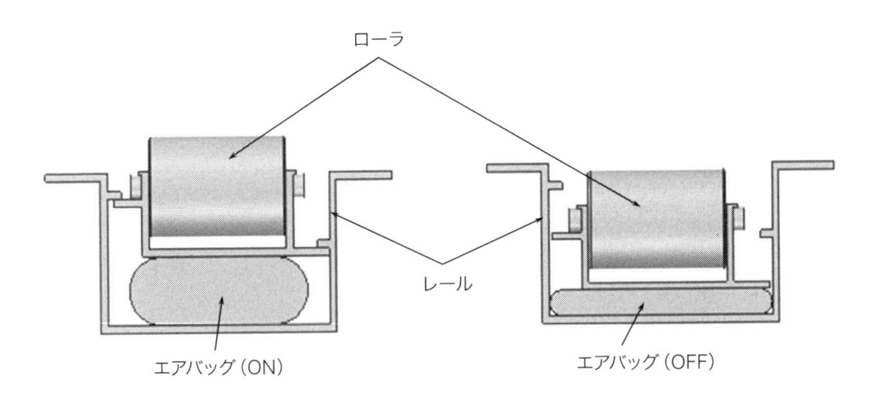

パレットローダー エアローラー方式の例

また構造・性能上、重量物にはやや不適などの課題がありますが、最近ではコンビニや宅配など、比較的軽量で小口の荷物を（基本的に順番通りに）多くの場所へ配送するなどの用途で、作業員がその都度荷台へ乗降することなく荷物にアクセスできるため、主に作業環境への対策として増加しつつあります。

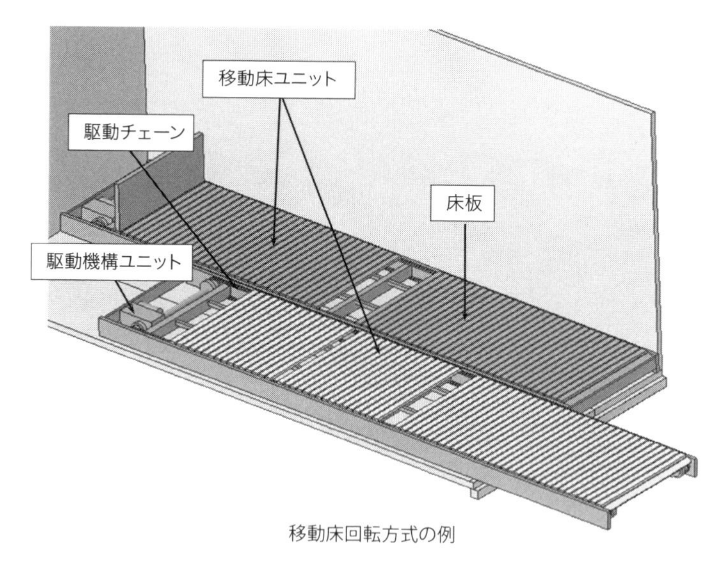

移動床回転方式の例

11-2)荷台後端取り付け

シャシに取り付ける装置の代表格にテールゲートリフターがあります。これは荷物を地上から積み込む・降ろすという"重量物の垂直方向"の動きをするため、その力を受け止めることになるシャシには何らかの影響（入力）がある装置類であるといえます。取り付けに際しては、重量に影響のある架装物として捕らえる必要があります。

テールゲートリフターには、構造により垂直式、リンク式、アーム式、チルト式、格納式など[10]があります。

ゲート機構は持ち上げ能力により多少の差はありますが、フレームリアオーバーハング部に補強を介して固定され、電動油圧シリンダで駆動され、電源には車輌のバッテリーが使用されます。リフト能力は一部を除き概ね1000kg以下で、車格による能力差は基本的にありません。

①垂直式

リアボディの後端に幅方向に設置された構造材（クロスメンバー）と、これと垂直に取り付けられたポスト、および稼働するプラットホーム（ゲート）で構成され、これらの基本ユニットがボディの後端に固定されています。

プラットホーム（ゲート）の両端はスライダーの一端とワイヤで結ばれ、このワイヤ間に組み込んだ動滑車機構を油圧シリンダの伸縮により駆動させます。通常シリンダは上昇の伸び方向のみで使用され、下降はプラットフォームと積載物の自重で行われます。プラットホームの展開（開閉）は手動で行われ、平ボディ車では荷台の後アオリの役割を兼ねます。リフトの動きは文字通り垂直昇降するため荷物の揺れが少なく、LPGボンベ

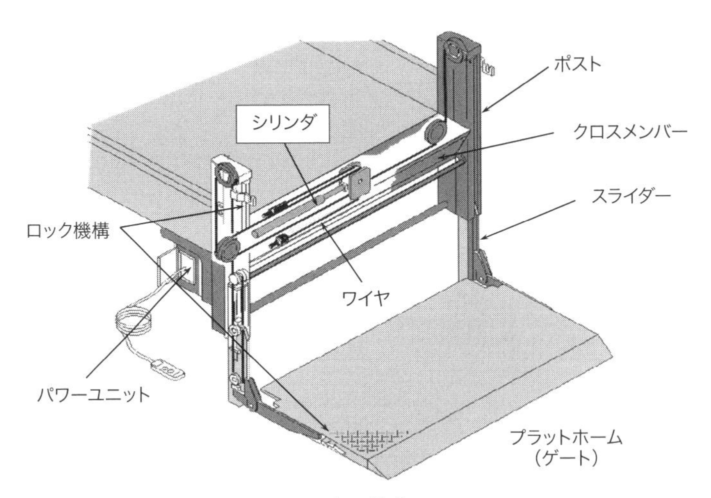

垂直式ゲート構造図
（新明和工業株式会社 架装物解体マニュアルより）

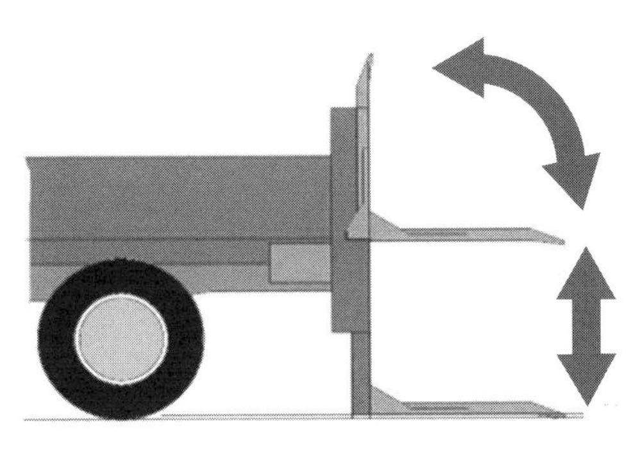

垂直式ゲート動作図

搬送、家具、引っ越し荷物などで使用されています。

ユニットそのものが比較的コンパクトであるため、ボディ側方への取り付けも可能という特徴がありますが、バン型車の、特に両開き式扉との組み合わせではボディの門構枠の中にポストを、昇降機構の組み込まれたクロスメンバーを門構に組み込む等の必要があり、ボディを一部専用の構造にする必要があります。

リフト能力1000kg程度までの展開がありますが、600kg程度のものが個人商店などで、自家用の平ボディと組み合わされ使われることが多いようです。

②アーム式（スイング式）

プラットホームの両端とシャシフレームの下端に固定された駆動機構が2本のアームで結ばれ、駆動機構内の油圧シリンダの伸縮により軸が回転し、アームは円弧を描きながら昇降し、アームに結ばれたプラットホームも水平を保ち円弧を描きながら昇降します。プラットホームの展開は手動で行います。タイヤ、工事用機械、ケーブルや粗大ごみなど比較的大きなサイズの重量物の搬送に使用されています。

バン型車にも後付けが可能ですが、ゲートの展開が手動であることに加え、リンクの

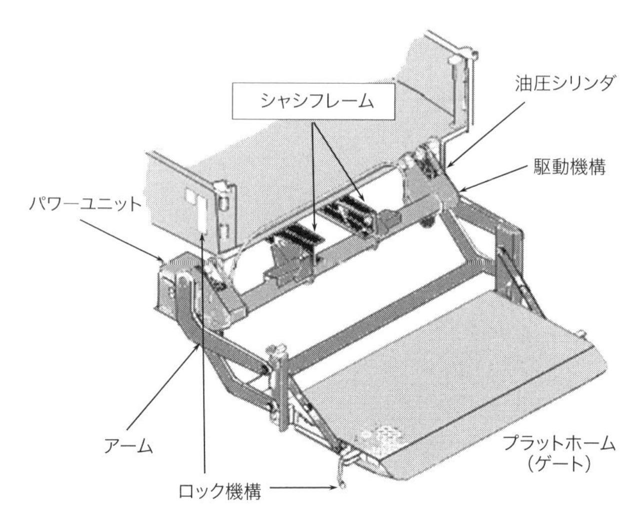

アーム式ゲート構造図
（新明和工業株式会社 架装物解体マニュアルより）

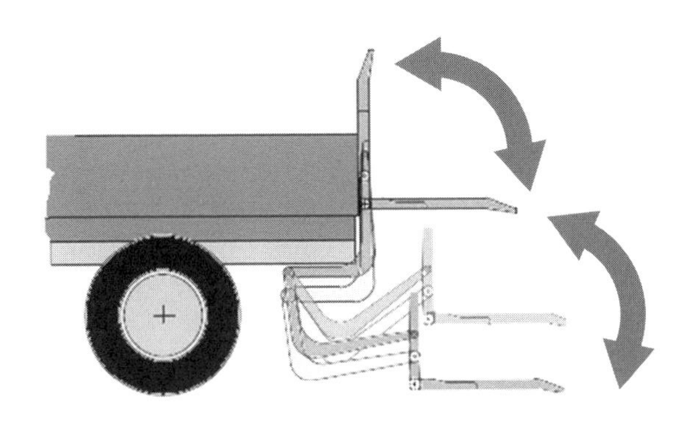

アーム式ゲート動作図

機構上バンの後扉の開閉はゲートが下がった状態で行う必要があります。また、プラットホームのある倉庫での荷役には、道板をセッティングする際の準備や段取りに手間がかかるため、これらの用途ではチルト式や格納式の使用が一般的です。

③チルト式

チルト式は、フルゲート式、マルチゲート式とも呼ばれています。

リフトフレームに直結したリフトアームとプラットホームが、アームの内側に組み込まれたリフトシリンダの伸縮により円弧を描き運動しプラットホームを昇降させます。プラットホームの展開と接地面の角度調整は、下に組み込まれたチルトシリンダとリンク機構により行われます。

一連の主要動作は人力を介することなく全て機械的に行えるため、使い勝手に優れていますが、構造上ボディを直接に倉庫・集配センターのプラットホームに付けることはできないため、展開したゲートの先端をプラットホームに乗せ道板として使用し、積み込みを行います。

店舗向けや、小型拠点向けの配送型の物流では、センター内で目的地別に仕分けた荷物をロールボックスと呼ばれるキャスター付きのカゴ台車にのせ、プラットホームからそのまま車両に積み込み、目的地ではテールゲートリフターを使用し降ろす方式が多く用いられています。このような配送形態では、規格化されたロールボックスとそれを効率よく積載できるサイズのボディ、（チルト式）テールゲートリフターがセットの設備（装置）といえ、能力1000kg程度のものが使われています。

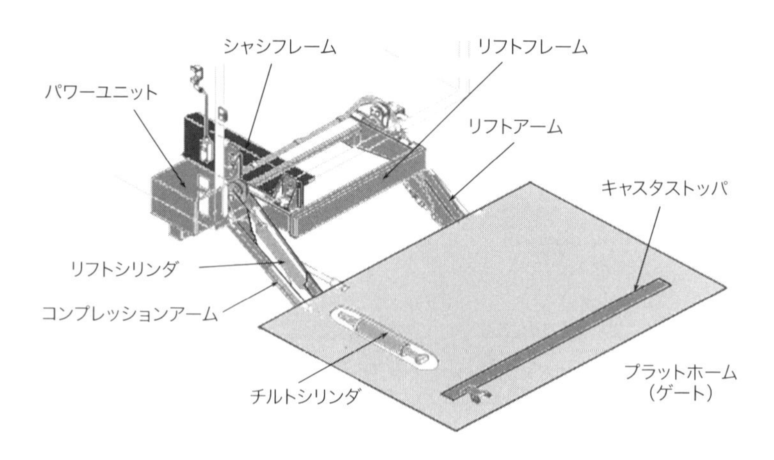

チルト式ゲート構造図
（新明和工業株式会社 架装物解体マニュアルより）

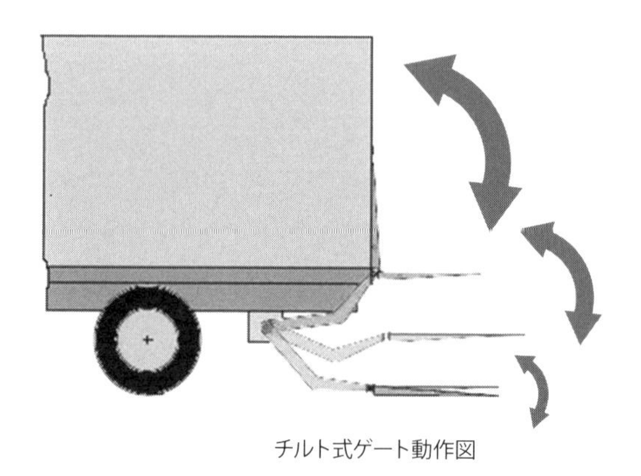

チルト式ゲート動作図

④格納式

基本的な駆動機構はチルト式と概ね同じですが、チルト式が倉庫・集配センターのプラットホームに直接着けられないという欠点を解消した発展型として開発された仕様といえます。ゲートのプラットホームは概ね半分の位置で折りためることと、リフト機構を車両前後方向に移動させるスライド機構を有しています。

ユニットはプラットホームが折りたたまれた状態で、スライドシリンダにより車両後方へ移動し、その後リフトアームがプラットホームの接地位置まで下がりながら、プラットホー

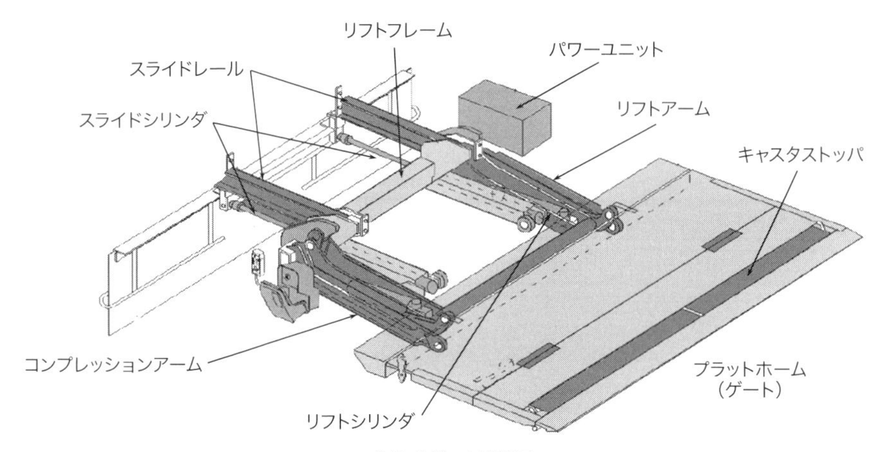

格納式ゲート構造図
（新明和工業株式会社 架装物解体マニュアルより）

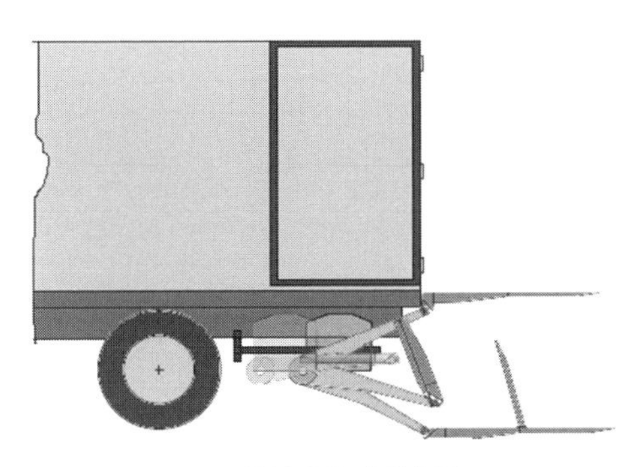

格納式ゲート動作図

ムがアームから起き上がります。起き上がったプラットホームは手動で展開されて準備が完了し、リフターとして使用されます。

チルト式のような全自動ではありませんが、機構が床下に収納されるため、センターのプラットホームに車両（ボディ）付けが可能です。冷凍・冷蔵品の倉庫（センター）は荷役作業中に倉庫内への外気侵入を防止するため、ドックシェルターといわれる倉庫の搬出入口とトラックのボディを隙間なく密着させる機構を有していることが一般的で、チルト式では対応することができないため、ロールボックスを利用した温度管理品の配送では必須の装備となっています。

海外に目を向けると、テールゲートリフターはいくつかの大手部品メーカーがキット販売をしており、チルト式は比較的目にすることが多く、格納式のカタログを入手したこともあります。販売キットの内容としては油圧機構、主要リンク、制御盤程度までであり、ゲートの構造や上板、取り付けブラケット等の金物は工事者が調達作成することを前提として図面のみ供給される場合が多く、これらのケースでは上板などにアルミ材が使用されることはほとんどなく鋼材が中心となるため、日本の仕様よりもかなり重くなります。テールゲートリフターはリアオーバーハングに取り付けられるため、フロント軸重が減少しリア軸重は増加することになり、機種にもよりますが、1トンを超える装置の取り付けは、単純に装置重量分の最大積載量の低下だけでなく、リア軸の許容超過による減トンや、稀にフロント軸重割合不足による旋回性能への影響（ハンドルを切っても曲がらない）等の可能性もあるので、重量検討の実施もしくは検討結果の入手が望まれます。

その他、取り付け方法そのものに特に高い技術を要する装置ではありませんが、格納式ではリアオーバーハング下部に装置を取り付けることによるデパーチアングルの悪化を嫌い、フレームのリアオーバーハング部の改造を行っている場合があります。改造は基本的に取り付けメーカーの責任ですが、シャシ防衛のためにも取り付け方法および運用ルートなどの使用環境については確認することが望ましい架装物です。

ロールボックスの例
（浅香工業株式会社［金象印］ロールボックス 500L 型）

格納式ゲートとドックシェルター式倉庫の使用例

2　はたらく車

はたらく車には、ビジネス面や技術面ではこぶ車とは異なった特徴があります。ビジネス面での最も大きな特徴は、架装物の価格の方がシャシの価格よりも高価なものが多いということだろうと思います。はたらく車の購入者・使用者は架装メーカーと商談を行う「架装メーカーのビジネス」であり、シャシメーカーは架装メーカーに選ばれる、もしくは架装メーカーに売り込みに行く側です。実際には、架装メーカーはシャシメーカーに対しビジネスパートナーとして敬意を持っていますが、シャシメーカーも自身の立ち位置の理解と相手に対する敬意、また敬意を受け続けられるような努力が必要なことは言うまでもありません。

技術面では、多くはその架装物が行う仕事に価値（Value）がある、つまり供給される動力（の質）が重要で、走ることは架装装置の移動手段という考え方です。

まとめると、はたらく車のシャシの必要要件は、動力供給能力と搭載能力の2点に加え、それらを公道走行が可能な自動車としてまとめる能力、すなわち検討実施する人や部署の存在と能力となります。

動力供給に関して、エンジン出力の絶対値が問題になる架装物は多くはありませんが、使い勝手としての「特装ガバナの特性」（後述）や、キャブのアクセルペダル以外のエンジンコントールの有無や方法・特性、PTOの展開と能力が主なポイントといえます。

搭載能力要件は、架装物によって前後や場合によっては左右に偏荷重となるものなどもあり、シャシ重量絶対値の他に各軸（特に前軸）の許容荷重の大きさや、搭載時

ほとんど止まって仕事をする車	走りながら仕事をする車	少し変わったはこぶ車 （特殊車）
塵芥車 高所作業車 消防車 コンクリートポンプ 汚泥吸引車（強力吸引車）	除雪車 道路清掃車 散布車	軌走車 馬匹 検診車 フロントエンジンバス

はたらく車の分類例

のシャシのフレーム側面に配置された装置との干渉等の成立性、状況によってはレイアウト成立のためのシャシ側機器の移設改造の対応力などがあります。一般にボリューム（販売量）があればレイアウトやPTO展開を考慮した専用シャシの設定が可能で、実際に比較的需要のある小型の場合は、多くの架装用途に向けた専用シャシ展開があります。中大型以上ではもともとのボリュームに加え、高価な架装物の需要はさらに僅少なため、ベースとなるシャシを展開の中から選び、これにある程度の改造を行って成立させることが一般的で、これらの検討と実施能力が求められます。

はたらく車の分類には色々な見方がありますが、ここでは前表のように分け、構造やはたらきについては、子供の絵本から架装メーカーの紹介資料まで豊富に存在していますので、「ほとんど止まって仕事をする車」を中心に、その車が行っている仕事の概要やシャシへの影響等を中心に述べていきたいと思います。

1)塵芥車

塵芥車は、ゴミを圧縮・減容する機構と、処理地で排出する機構に、これらを駆動する油圧機構を組み合わせたボディ（架装物）が搭載された車両です。

大きく分けると圧縮減容装置の設置場所により、円筒ドラムと螺旋式ブレードの回転で前方へ送り圧縮減容する機構をボディ本体内に有したロータリー式と、車両後部に減容積み込み機構を有するホッパー式の2種類の方法があり、中小型では圧縮機構が後部に設置されたホッパー式が多数派です。ロータリー式では投入口が後部の他に上部に設けられ、投入のための前方リフターを使用したものを海外の大型塵芥車で見かけます。

日本では後部に機械式の積み込み装置がある収集車が一般的で、ホッパーと呼ばれる投入口（積み込み口）にゴミを入れ、圧縮して容積部に送り込みます。圧縮方法には回転板式と圧縮板（プレス）式の2方式があります。

圧縮板式は減容の能力が高く、家庭ごみだけでなく小型（木製）家具などの粗大ごみまで対応できるようで、回転板式はゴミや汚水の飛び散りや戻りが少ないなどの特徴があります。

日本ではゴミは家庭用と事業系（一般廃棄物と産業廃棄物）に分類され、自治体に

ホッパー式（回転板 / 圧縮板式）
（極東開発工業株式会社 圧縮板式収集車図に加筆）

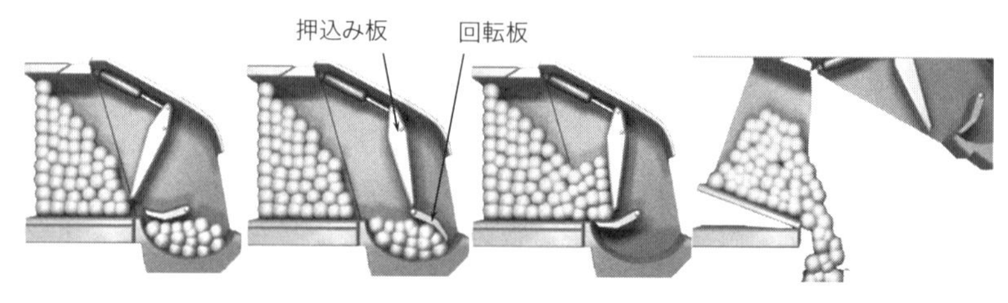

回転板と押込み板の２枚で積み込む。
ごみや汚水の飛び散り、戻りが少ない。
ボディをダンプして排出を行う。

回転板式の動作
（極東開発工業株式会社資料をもとに作図）

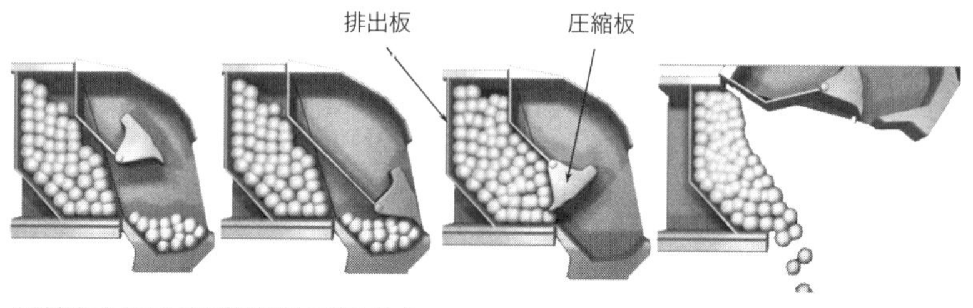

圧縮板によりごみを圧縮減容して積み込む。
排出板がスライドして排出を行う。

圧縮板式の動作
（極東開発工業株式会社資料をもとに作図）

より多少の差はありますが、自治体が回収しているのは家庭用だけで、事業用は排出者が自己責任で処理が義務付けられています。

家庭ゴミの収集は自治体が主体者で、昼間市街地での回収が主のため、2トン車が主体である一方、事業用回収では効率と行動範囲の大きさから中型以上が使用されることが一般的です。海外では、日本と道路環境の似たアジア圏では小型も多くありますが、世界的に見るとGVW（車両総重量）15トン以上の圧縮板式が一般的なようです。最も先進と思われる運用は、欧米の整備された住宅街で規格化されたゴミポストをロボットハンドで回収し、車両前上方から投入して後方へ圧縮回収するロータリー方法で、これも比較的よく見かけます。

日本では家庭ごみは専用の袋に入れ回収にされますが、海外ではMobile Trash ContainerやMobile Garbage Bin等と呼ばれる規格化された専用容器を使用し、リフターやダンパーと呼ばれるホッパー後部に設置した反転装置にセットし、作業員が直接ゴミに触れることなく投入回収される方法が多く見られ、日本でも事業用のゴミ収集や団地等での集積で利用されています。

これらの容器は一応DIN（ISO）規格されたものが存在しますが、反転装置は容器に合わせたユニークな仕様となるため、塵芥装置メーカー独自のサイズや接続形状も多く、海外では一度納入した架装メーカーが随意契約的に独占したり、もしくは参入障壁となっているケースを耳にすることもあります。

ボディはゴミの投入と圧縮部分であるホッパーと搭載部分に分けられます。ホッパーは地上高が低い方が作業性に優れることと、その形状から、フレームをリアサスペンション後部でカットし搭載されます。このためフレームカットの可能位置の提示、さらにカット部以降にエアタンク等のシャシ部品がないことが望ましく、設置されている場合には移設することになります。その他、日本では作業者に排気が直接かからないような排気管の向きにするなど、構造の配慮が求められるケースが一般的です。

ホッパーは寸法、重量とも比較的大きいため、ホイールベースとリアオーバーハングの比率の規制への対応が求められます。また構造上、積み始めが最もリア荷重になり、特にリアにリフター（反転装置）を取り付けた場合はさらに後ろ荷重となるため、ハンドル操作性を確保するためのフロント軸荷重配分比率の適正値確保など、ボディに対する最適なシャシ（特にホイールベース）選択には、技術的な制約が比較的多くあり、要求内容とその国の規制値に対する理解不足は、対応するためにベースシャシを改造に次ぐ改造……という状況にもなりかねず、注意が必要です。

コンテナ用リフト機構例（モリタエコノスコンテナ傾倒仕様車）
（株式会社モリタエコノス HP より）

コンテナ用リフト使用時の状況
（神戸市資料より）

容積と比重の関係に関して、各国ともダンプやミキサーのような公的な決まりはない様子ですが、日本の例では各架装メーカーは比重値を0.5で検討し、輸出を行うときもこの値を基準にしているようです。ただし、0.5は生ゴミを中心とした家庭用ゴミ中心の値で、粗大ゴミに類するものが増えるに従い増していきます。比重値は言ってみると搭載部にどれくらい圧縮できるかというプレス油圧能力と、ボディの耐圧強度も表すことになり、この値が増えるに従いボディの重さも増加することが推定されます。極端な過積載が行われる架装物ではありませんが、海外の場合、比重は車格が大きくなるに従い高めとなる場合が多く、大型車で標準0.59（1000ポンド／立法ヤード）、最大0.75とされた経験もあり、商談時は容積と比重を確認しておく必要があります。

その他車両仕様として、収集間隔が短く発進停止が多くなる市街地での使い勝手、メンテナンスコストの低減、収集作業中の車両動きだしの防止といった作業安全のための目的で、自動変速機やホイールパークもしくはブレーキロック等の装置を求められることなどがあります。

参考として、ある国で行ったことのある検討例を紹介しておきます。

・検討例

ボディ仕様および要求（各値は詳細から必要部分を計算・抜粋）

- ・25 立法ヤード（19.12㎥）プレス式塵芥車
- ・排出板可動範囲　ボディ前端より　244～3,730
- ・排出板最後方時の積み込み可能容積　3立法ヤード
- ・ボディ断面積　48.6平方フィート（概ね7フィート×7フィート矩形 4.52㎡）
- ・ボディ重量　14,210ポンド　（6,486kg）
- ・排出板重量　1,065ポンド　（484kg）
- ・標準比重0.6　（600kg/㎥）　最大比重0.75
- ・要求最低前軸荷重割合　16％以上

※この最低前軸荷重割合は、日本の保安基準では前輪の荷重負担割合は空車時20％以上ですが、この国には基準はなく、架装メーカーの社内基準として経験的に16％が下限、18％以上が好ましいとしていました

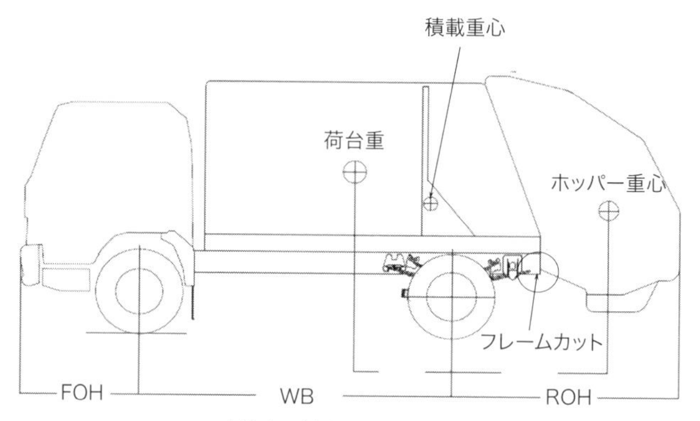

塵芥車の基本的な搭載検討

	比重 0.6			比重 0.75		
	前軸	後軸	Total	前軸	後軸	Total
シャシ重量	3,270	3,625	6,895	3,270	3,625	6,895
ボディ重量	247	6,239	6,486	247	6,239	6,486
空車重量	3,517	9,864	13,381	3,517	9,864	13,381
乗員	140	0	140	140	0	140
積載	2,510	8,962	11,472	3,138	11,202	14,340
総重量	6,167	18,826	24,993	6,795	21,066	27,861
荷重配分	25%	75%		24%	76%	
許容軸重	6,300	21,000		6,300	21,000	
余裕率	97.9%	89.6%	100.0%	107.9%	100.3%	111.4%

架装重量検討結果

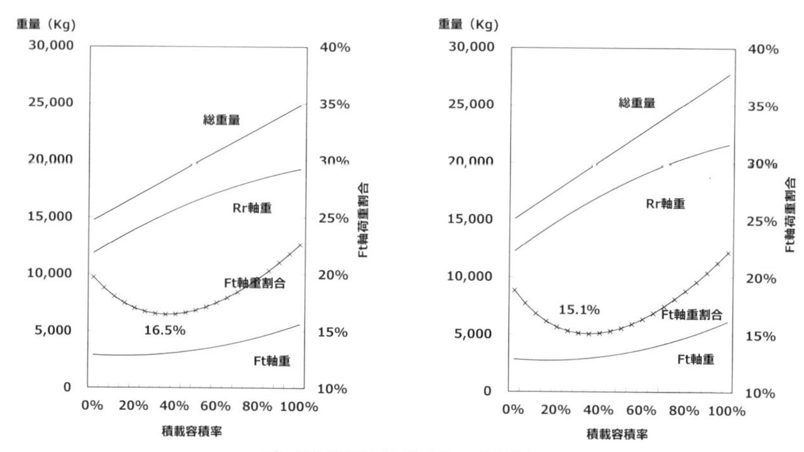

プレス板位置と軸重変動の検討結果

・検討結果

このボディの搭載候補として数車型で検討を行いましたが、結果の一例を左のページに示します。この例ではフレームのリアオーバーハング部を最終のクロスメンバー以降でカットしています。

塵芥車の実積載量は実際のところ非常に曖昧で、「概ねこの範囲で運用される」という意味で2つの比重値が示されたようでした。会話の中では重量が超えることはすでに想定されていたようで、アクスルとシャシの許容値の余裕代（積載耐久性）と前輪の荷重負担割合アップのためのフレームカット限界に、会話が集中していたように記憶しています。

2）高所作業車

日本では他の先進国に比べ電線の地中化があまり進んでおらず、電気・電話・CATV工事や交通信号・街路灯整備および一般工事などの用途で、小型を中心に一定の需要があるカテゴリで、海外ではそれほど多く目に触れる機会はありません。これは、途上国では電力以外の通信インフラ等は有線を通り越して無線化に向かっており、先進国では電線の地中化率等が影響しているためと考えられます。しかし、日本的にコンパクトにまとまった車両でもあることから、輸出されることも多いようです。

日本では電柱の設置と使用範囲に規定があり、この用途と市中工事の多さに合わせ小型車を中心に、高さは電力工事用12～15m、通信工事用8～12m、その他の建設や看板工事などの一般用途として15m程度のものが一般的で、一部中型で最大30m程度まで展開されています。電力工事用は絶縁のためバケットはFRP等の樹脂性で、高圧の電力線工事用の車両では高い絶縁性を確保するために、ブーム先端部分やバケットにFRPのカバーを取り付ける等の安全対策が施されています。また電力工事用では柱上変圧器などのつり上げ用に、バケットに電動ウインチを装備する仕様も多く見られます。

使用時は準備作業として4点式のアウトリガーを張り出し、車両を浮かせた後に、バケット内に作業員が1～2名乗り込み作業を開始します。リフトはPTO駆動の油圧式で、伸縮の他に旋回機能を有しており、バケット内から操作されます。昇降・旋回のための

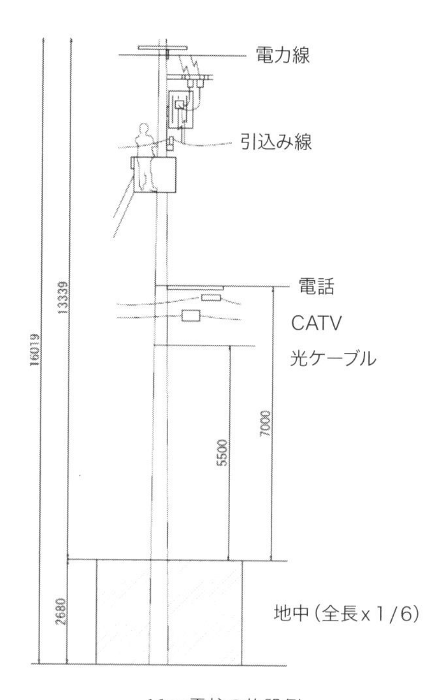

16 m電柱の施設例

エンジン（油圧ポンプ）始動操作に加え、作業中は近隣への環境配慮のため、作業バケット内からエンジンの停止、再始動を行えるように改造が行われています。

構造の特徴として、作業展開時の大きなモーメントによる転倒を支えるため、充分な剛性強度を持ったフレームにアウトリガーや各装置を直接に締結・搭載した構造をしており、言ってみれば動力源を除き、架装側フレームの上側で完結した装置をシャシは背負って（作業中は吊り下げられて）いるだけともいえます。

ちなみに架装メーカーの搭載工程もシャシに順に部材を組んでゆくのではなく、架装物を先に組み立て、でき上がった装置の下にシャシを入れ固縛させる方法を取っているメーカーもあるようです。

シャシ側の要件は、搭載時の装置への干渉とレイアウト、特にキャブバックのアウトリガー回りのスペース確保があります。架装物は比較的重量があり、搭載後は高車高、高重心になるため、全高、転角や届出重量内での成立性を考慮し、エンジンの停止、

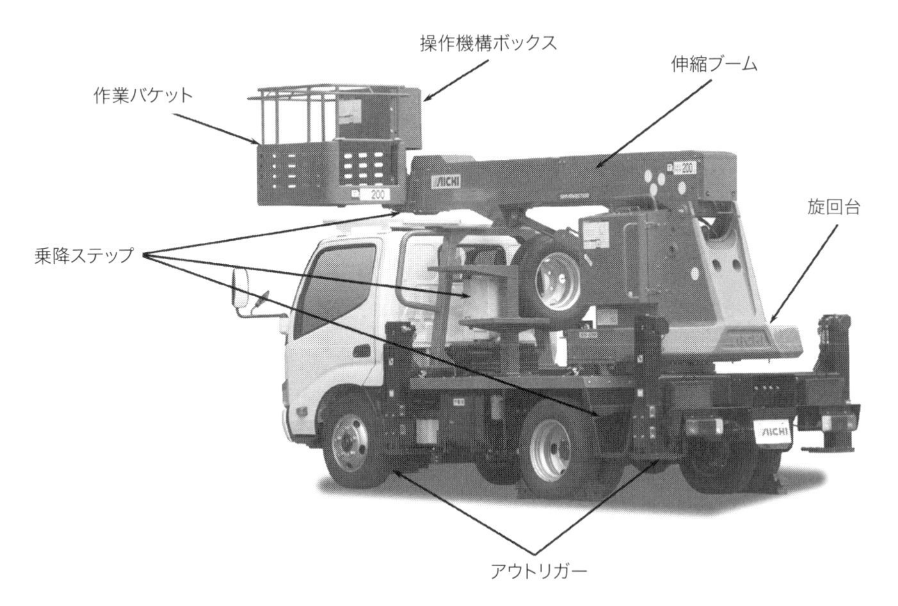

小型12 m級高所作業車例（アイチ SS12A 型）
（株式会社アイチコーポレーションより）

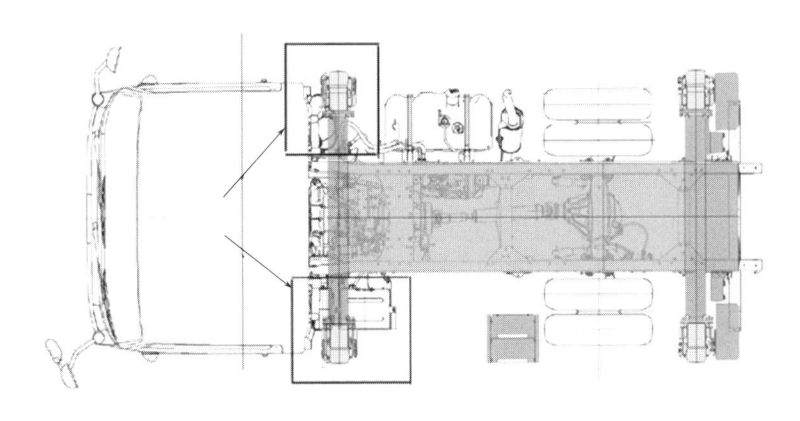

搭載スペース検討例

再始動のほか場合によってはPTOの断切等をバケット内で可能とすることなどもあります。

一般に架装物側には基本レイアウトに関わるような変更の自由度が少なく、必要な場合は主にシャシ側で対応することになります。レイアウト余裕の少ないショートホイールベースの車両では専用レイアウト車となることがほとんどです。また全高と転角も小型では条件が厳しい場合が多く、重量に余裕のある仕様ではカウンターウェイトを搭載しているケースもあります。

小型のショートホイールベース車の使用は日本特有とも言え、海外で時おり目にする車両は総重量7-8トン級のホイールベース 3200〜3400mm程度の様子で、ダブルキャブの比率も多いようです。小型のショートホイールベース車よりもレイアウトや重量的にはもう少し余裕があると考えますが、検討で行う内容は基本的に同じであり、検討のために用意すべき資料や技術的なやり取りなどは、状況によってはかなりの労力を要する可能性もあります。しかし、高所作業車も含め、完成までに手間のかかるはたらく車は、安定した需要先を比較的得やすいのが特徴でもあります。

3）消防車

緊急自動車としての消防用自動車には概ね以下のようなものがあり、さらにその中で各ポンプ自動車はその形状装備等によりいくつかに区分されています。

消防ポンプ自動車、水槽付消防ポンプ自動車、化学消防ポンプ自動車、はしご自動車 、救助工作車、特殊災害対策車 、支援車／工作支援車、司令車。

これらは用途が直接に消火活動に携わる車両と支援車両および消火以外の救助救難に携わるものに分けられるようです。ここでは一般通念として「消防車」といわれる、文字通り消火活動に携わる消防ポンプ自動車（ポンプ車）とはしご自動車（はしご車）について説明をします。

日本の消防組織は、各自治体（市町村および複数の自治体合同の広域消防）に設置された公務員の身分を持つプロの消防士が勤務する常備消防（市町村やその広域組合のいわゆる消防本部・消防署）と、地域住民がボランティアで参加している消防団[11]の2つがあります。常備消防ではその規模に応じて各種多様な車両を使用していますが、消防団で使用する車両は消防ポンプ自動車（CDI型）もしくは小型のガソリンエンジンで駆動する可搬式の消防ポンプを搭載した「可搬消防ポンプ積載車」です。

消防車は購入（入札）にあたり、一台ごと詳細な仕様書が示され、ほぼ一品一様で同じものはないと言って良いと思いますが、その差の多くは消防ポンプメーカー側の消防艤装品といわれる装備の差です。正確には仕様書ごとに装備の組み合わせが異なるという意味で、使われている装備類はほとんど全て規格・制式化されています。搭載単位で見ると、大きさや形状に差はありますが、装備とそれを収納する箱（スペース）が架装メーカーごとにユニット化されています。言ってみるとフレームサイドやリアオーバーハング部に、その決められたユニットの搭載スペースの確保や、必要に応じそのためのシャシ側の機器移設や改造工事の対応力が要求されていると言うことです。

この状況は一般の特装車の架装性と同様ですが、消防車のビジネスは年間1200台程度の車両が通常5～6月ごろに入札（開札）され、12月と3月末の納期に向けほぼ一斉に製作が開始されます。そのため個々の車両にあまり多くの時間をかけられないと

CD Ⅰポンプ車
（いすゞ自動車株式会社カタログより）

Ⅰ A 水槽付ポンプ車
（いすゞ自動車株式会社カタログより）

いう特徴があり、搭載時に手間がかかるシャシは敬遠されがちです。一般に消防架装メーカーも搭載レイアウトの検討に際しては、すでに情報を持っているシャシを基準に検討を行いますので、架装メーカーとの良好なリレーションシップと、情報提供の先手確保がビジネスに大きく影響します。

3-1)ポンプ車のシャシ要件

ポンプ車は次のように分類されており、小型のCDⅠ型、中型のCDⅡ型ポンプ車と、主に中型のⅠA/B型の水槽付ポンプ車がありますが、主力は小型のCDⅠで、大都市部では中型のⅠA/B型も多く使用されています。

消防ポンプは渦巻き式と呼ばれる型式で、能力は渦巻きの径と回転数で決まり、一

分類		記号
車体形状	ボンネット	B
	キャブオーバー	C
座席配置	シングルキャブ	S
	ダブルキャブ	D
WB	2 m 以上	I
	3 m 以上	II

水タンク容量	記号	ホースカー	
		なし	付
1500〜2000 ℓ 程度	Ⅰ	A	B
2000 ℓ 以上	Ⅱ		

消防ポンプ自動車（左）と水槽付消防ポンプ自動車（右）の型式区分

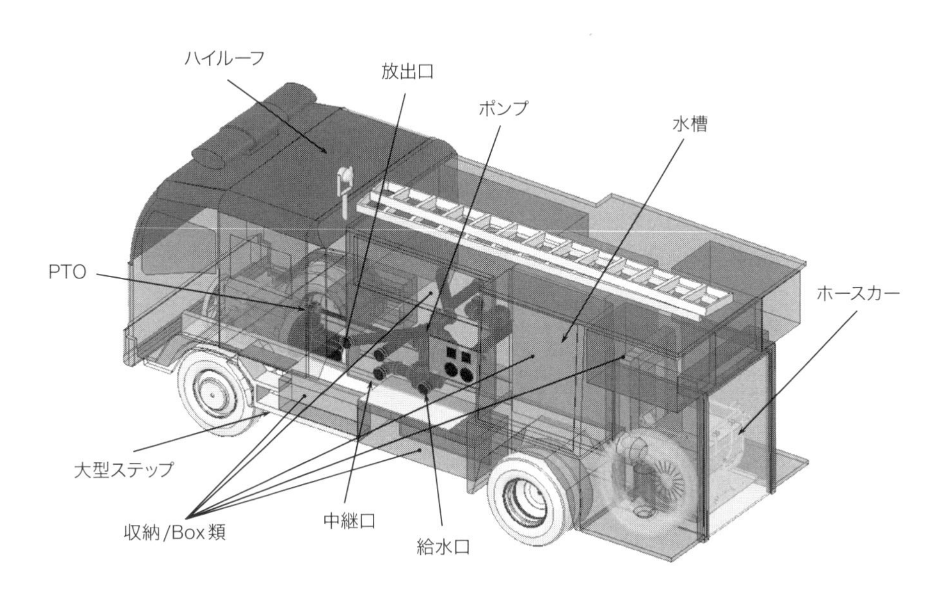

水槽付消防ポンプ（Ⅰ B）構造例

台（一段）もしくは、直列2段に配列されています。ポンプは放水用の本体と起動時の呼水用真空ポンプの組み合わせで構成されています。ポンプは回転軸方向と大きさ等の形状の制約のため搭載位置は特定されます。一般的にはキャブ後方のホイールベース間のフレーム上に置かれ、側方に給排水管接続口と操作盤、それ以外のスペースに各種装備品が配置されますが、水槽付ポンプ車の重量配分や、機関員の配置を左右が見渡しやすい車両後方とした仕様のときなどで、リアオーバーハングに搭載するケースもあります。また長時間連続運転を考慮してラジエターの下部に消火用の水を利用した熱交換器（サブラジエター）が装備されることがあります。

シャシ要件には消防車特有の内容が多く、代表的なものとしては以下のようなものがあります。

①消防検定エンジン

はしご車や救助工作車などの放水機能を持たない車両では必要ではありませんが、ポンプ車では水ポンプ駆動用の動力（エンジン）は「消防検定」といわれる性能試験に合格した型式であることが要件のため、自動車用エンジンとしての排気ガス型式認定（国交省）とは別に消防検定取得が必要です。

②PTO

取り出し出力値の観点ではサイドPTOで成立するものもありますが、水ポンプの設置位置の関係で動力取り出し位置はフレーム上面であることが望ましく、中挟みPTOかフライホイールPTOを使用します。

③ダブルキャブと居住性

一般的に乗車定員5人程度のダブルキャブに、耐火服やヘルメットなど重装備の消防士が搭乗して出動します。彼らを安全かつ可能な限り快適に現場まで運ぶことは非常に重要な性能のひとつと言えます。乗降性の確保のための大型乗降ステップや、天井高のアップ等に加え、常備消防では隊員が背負う空気呼吸器（空気ボンベ）を着座時にシート後方に格納できるようにする必要があり、小型ではキャブのバックパネルの拡張などが求められます。その他、回転灯を始め無線機、さらに最近では画像や位置関連情報の転送や表示などの情報機器も増え、全体に電力使用量が増大しており、大容量バッテリーや大型ACG（オルタネータ）といった給電能力が必要になっています。

④レイアウトと搭載性

（水槽付）ポンプ車はどれだけ火災現場へ近づけるか（火点接近性）が重要な要件です。具体的な状況を推定してみると、日本の建築基準では住宅は少なくとも幅員2mの道路に接する必要があります。このことから住宅街の最少道路幅は4mとなり、この交差路をどれだけ容易に通過できるかといったことが性能要件と考えられます。この条件で計算して推定するとホイールベース3300mm、回転半径5.5m程度が成立する限界で、この制約下でダブルキャブ、消防ポンプ、水槽、ホースカー等の基本装備に加え各種装置類を効率的に配置させる必要があります。

3-2）化学消防車　はしご車のシャシ要件

化学消防車に求められる要件は、水槽付ポンプ車と基本的に大きな差はありませんが、水タンクとは別に泡消火薬剤を搭載し、放水時にベンチュリー弁（霧吹きの原理）で水と混合し泡状の消化剤としています。このための薬剤の汲み上げ・加圧用のポンプ駆動用として、水ポンプ駆動用のフライホールや中挟みPTOに加え、サイドPTOを追加使用することがあります。

はしご車にもポンプ付きの仕様があり、この場合は消防検定が必要ですが、そうではない一般的なはしご車の場合は検定取得の必要はありません。シャシ要件の主なものは、はしご展張時に安定させるアウトリガーの取り付けスペース、はしご駆動用のサイドPTO、ダブルキャブなどです。30m[12]を超える仕様では格納状態でもはしごの厚み（高さ）は大きく、車両全高も増すため、配備される消防署の設備（天井高さ）や出動経路にあるアンダーパス等の障害になるものから最大地上高を指定されることも多く、シャシの低床化や、はしご部分の天井をくぼませるキャブカット等の対応が必要です。状況によっては運転席そのものを下げる要求もあり、中大型ではシャシ回りよりもダブルキャブを含めたキャブ回りの対応が難度の高い項目といえるかもしれません。

はしご車のアウトリガー

4)コンクリートポンプ車

コンクリートは均一性の確保やコールドジョイントと呼ばれる不連続セメント層の生成防止のため、計画した範囲を途切れることなく一定の流量で連続的に打設することが求められます。このためビルなどの建設工事現場で、コンクリートミキサー車が運んできた生コンを、打設場所までポンプ車で圧送します。コンクリートが排出されるホースの先端は作業員が手で持って型枠への流し込みを行い、通常この近傍でポンプの操作員が無線式の遠隔操作盤で作業状況に合わせ、ポンプ回転と流量を制御しコンクリートを供給します。

コンクリートポンプ車にはブームの付いたブーム車と呼ばれるものと、圧送だけを行う

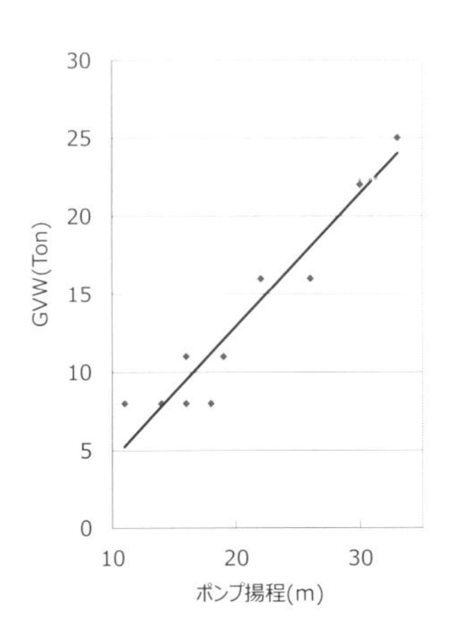

コンクリートポンプ車の揚程能力と
総重量(国内の展開例)

配管車がありますが、需要のほとんどはブーム車です。

コンクリートポンプ車の性能は、コンクリートの時間当たり圧送可能流量と押し上げ能力（最大作業高さとポンプ揚程）で表わされ、最大作業高さの数値で、例えば30mポンプと言った呼び方をすることが一般的です。揚程が大きくなるに従い、必要なコンクリートポンプの能力やそれを駆動するために必要なエンジン馬力、ブームや配管長など装備重量が増加することを考慮して、概ね必要とされるシャシとの関係が定まります。日本では公道を走れるものとしては39m級程度が最大ですが、海外製品では公道外車両ではあるものの60mを超えるものも存在しています。

①スクイーズ型

コンクリート圧送ポンプ型式には、大きくスクイーズ型とピストン型の2種類の型式があります。スクイーズポンプは油圧モーターによって回転するローラーがゴム製のポンピングチューブを押し付けることによりコンクリートを送り出します。スクイーズ型の揚程能力は14m程度までですが、コンクリートをゆっくりと押し出せるという特徴があり、住宅の基礎打設や小型ビル工事など、建築や小中規模の工事に適しているため、日本では小型中型系コンクリートポンプ車に一定の需要があり、需要の半数以上を占めています。

スクイーズ型ポンプ車は、基本装置であるスクイーズポンプとそれを駆動するための

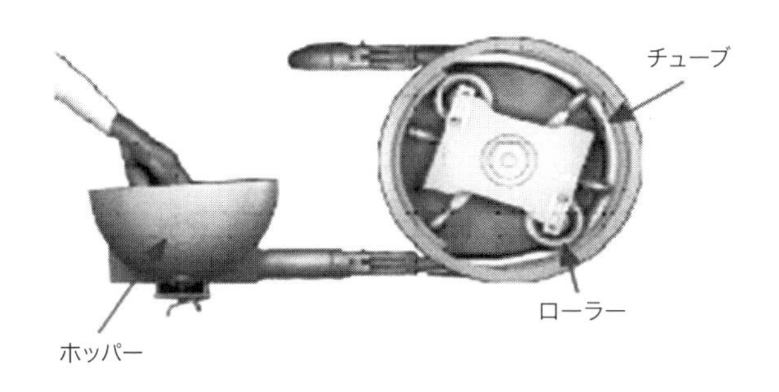

スクイーズ型構造例
（極東開発工業株式会社資料より）

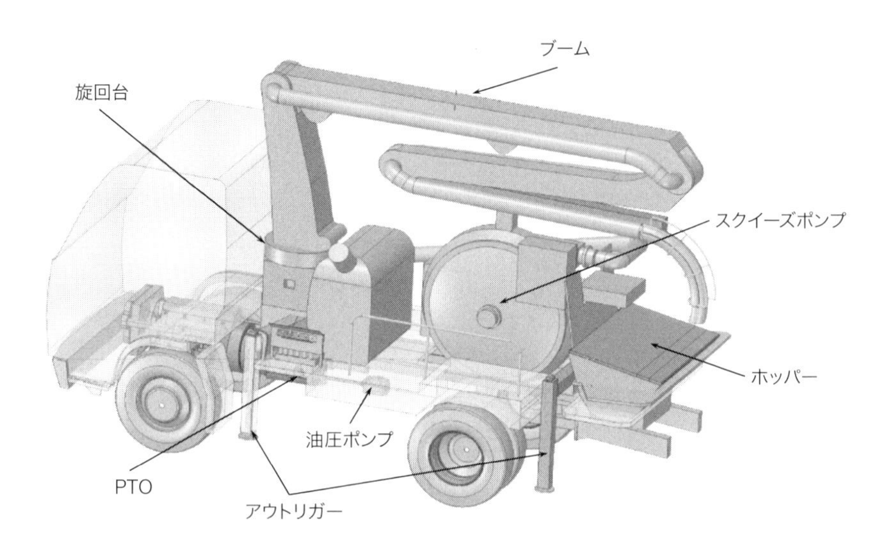

スクイーズ型コンクリートポンプ車構造例

油圧装置、旋回機構を有した屈折式のブーム、アウトリガーと洗浄用の水タンクなどで構成されています。スクイーズポンプは必要トルク30〜40kgm程度の可変容量式の油圧ポンプと油圧モーターで駆動されます。アウトリガーは4点式で、安定性の確保のため（通常前側のみ）斜め前方へ張り出す方式を取るため、高所作業車などと比べより搭載スペースを必要とします。ホッパーは生コンを運んでくるミキサー車のシュートの高さに合わせ、シャシフレームのリアオーバーハングをカットして搭載されます。

住宅地の工事など比較的狭小な場所での工事用途が多いため、できるだけ小さな車両を求められることが多く、搭載の重量余裕、転角余裕、PTO能力など基本的な性能要件の他に、アウトリガーを中心とした搭載レイアウトの確保と成立のため、機器移設を中心とした改造対応力などが求められます。日本では一般に小型ではキャブバック回りの搭載スペースの確保など、レイアウトを中心に対応した専用の車型になることがほとんどです。

②ピストン型

切り替えバルブで2本の油圧式のピストンに油圧を交互にかけることにより、吸入・排出を繰り返し連続的にコンクリートを圧送します。圧送能力に優れ高硬度の生コンの輸送にも対応できるため、大型工事の主力型式です。

本体であるピストンポンプは通常ホッパーと一体化されており、コンクリートの投入高さの要件によりシャシリアオーバーハングをカットし傾斜して搭載されます。駆動用には必要トルク120kgmを超える可変容量式の大型油圧ポンプが使用されますが、通常シャシメーカー側が展開しているPTOでは不足で、トランスファーPTOを使用することが一般的です。最大作業高さに応じた作業時の安定性確保のため、30m級では展開時に全幅で7mを超えるX字型の大型のアウトリガーを搭載しています。その搭載位置は排気装置などの車両の主要装置と重なることも多く、アウトリガー回りは、特に使用時は車両が吊り下がるという、通常とは異なった荷重負荷を受けることになるため、適切な補強を含めたスペースの確保やトランスファーPTOの搭載スペースなど、技術的にはレイアウトの確認と移設を中心とした改造対応能力が求められます。

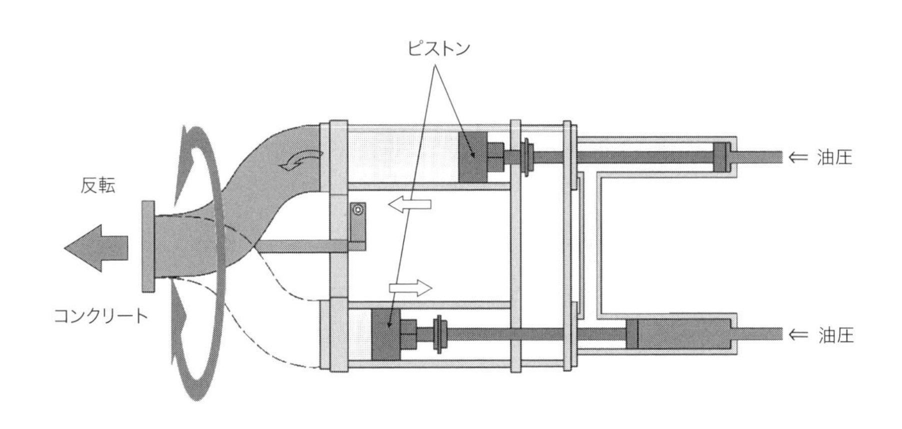

ピストン型構造例（各社資料をもとに作図）

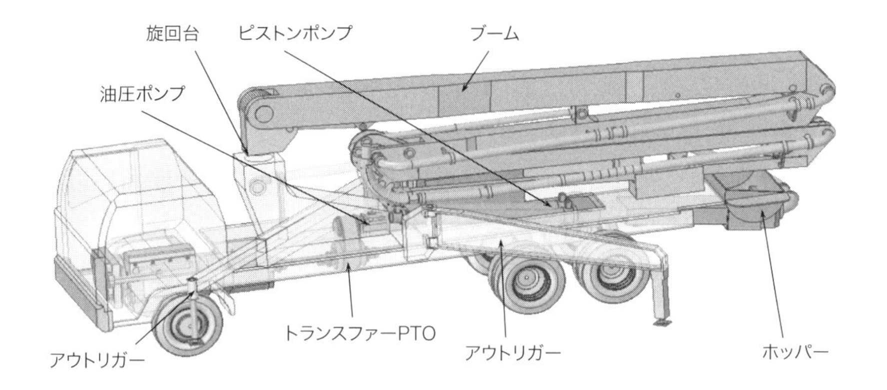

ピストン型コンクリートポンプ構造例

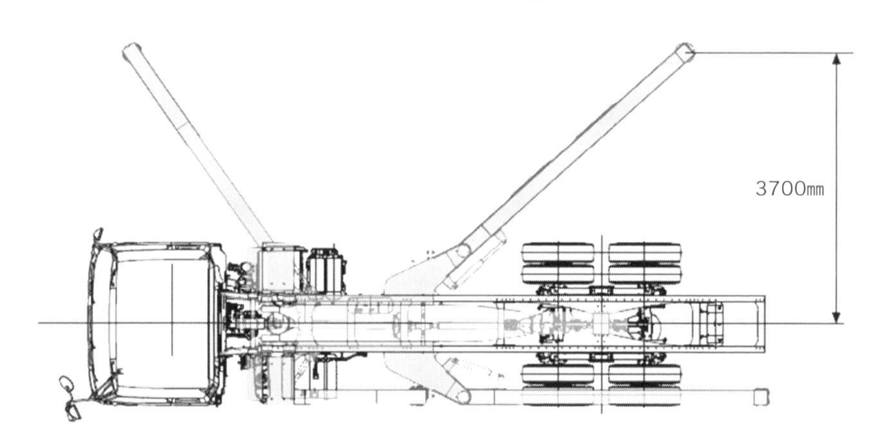

大型コンクリートポンプ車のアウトリガー展開例
(極東開発工業株式会社資料をもとに作図)

日本の耐震基準は非常に厳しいため、高層の建物は基本的に柱や梁などの基本枠は鉄骨で組まれ(S造)、コンクリートは床(天井)にだけ使われるケースが多いようですが、他に鉄筋コンクリート造(RC造)、中心の鉄骨回りを鉄筋でまく鉄骨鉄筋コンクリート造(SRC造)等があり、日本でも8階程度のマンションはRC造が一般的なようです。

地震のない(少ない)国では30階程度の高層建築でも柱や梁などの基本構造材として鉄筋コンクリート造(RC造)を用いる場合が多く見られるようです。日本の調査(13)によればS造で0.35-0.41㎥/総床面積(㎡)、RC造の場合は0.78-0.82㎥総床面積(㎡)程度のコンクリート量が必要なようです。同規模の建物を建設する場合のコンクリートの使用量は日本の2倍程度、実際の建設階数(総床面積)を考えると一棟当たりの建設に必要なコンクリート量は優に5倍を越えると推定することができそうです。それらの国で旺盛な建設需要に対応するために打設の品質確保と効率化へのニーズが大型化、高性能化を推進させていると言えます。

日本車の海外での使用例は、今のところ中国の他にあまり耳にすることはありませんが、現地で搭載しているポンプは日本に比べかなり大型の様子です。これは建物の耐震基準の違いによるものと考えて、大きな間違いはないでしょう。

③ポンプの作業馬力

ポンプの搭載を考えたとき、動力源としてどれくらいの出力性能が必要なのかを推定してみたいと思います。

一般にコンクリートポンプ車のカタログには吐出圧力と流量を示した性能線図もしくはその値が記載されています。吐出圧力(kg/㎠またはMPa)と流量(㎥/h)の積(kgm/h)は時間当たりの仕事量ですから、単位の補正を行えば馬力(PSまたはkW)になります。

中国の37m級のポンプのカタログ性能と、そこから計算されたポンプの出口出力、およびコンクリートピストンと作動油圧ポンプの効率を各々90%と仮定したときのPTO出口(油圧ポンプ入口)の必要出力は以下のように計算することができます。

	圧力（MPa）	流量 (㎥/h)	ポンプ出口出力 (PS)	PTO推定出力 (PS)
低出力	8.3	140	453	559
高出力	12	100	439	542

37 m級ポンプ車出力カタログ値と出力換算値

	圧力（MPa）	流量 (㎥/h)	ポンプ出口出力 (PS)	PTO推定出力 (PS)
実作業（推定）	12	30	136	168

37 m級ポンプ車必要出力値推定

これでは400馬力（PS）級エンジンでも全性能は発揮できないことになり、推定すると圧力（到達高さ、有効作業高さ）、もしくは流量のどちらかが達成できるということのようです。

ちなみに日本の33m級（極東開発PY120A-33）の場合は6.6MPa、124m³/h、308PS、382PSで400馬力（PS）あれば一応全性能に対応できているようです。

一般にコンクリートの打設は気泡の防止や品質一定化のため、作業員が打設部でバイブレーターと呼ばれる振動機で撹拌を行うことが通常であり、また作業員が人力で排出口の先端を確保している場合も多く、あまり高速（高流量）では作業が行えません。一方コンクリートは撹拌開始から1.5～2時間程度の間に打設を終了させる必要もあることから、ある"実用的な流量"で作業が行われていることが推定できます。この辺りは資料も少ないのですが、仮に30m³/h程度（8.3リットル/sec、ミキサー5m³を12分、8m³を16分で排出）としたときのPTO必要馬力は同様に、170PS程度と推定することができます。

全性能に比べればかなり少ない数字ですが、この値は25トン車が平坦路を95km/hで走行するときの馬力にほぼ相当します。連続打設の場合はミキサー車2台を交互に使用して供給します。その間もポンプは連続運転する場合があり、走行風が利用できない定置運転という状況では、通常のラジエターだけでは冷却性能が不足する可能性も推定され、そのような状況下では車両のラジエターの大型化やサブラジエターの追加、もしくは運用で車両前方に送風機を設置するなど、何らかの対策を講ずる必要があるでしょう。

5）汚泥吸引車（強力吸引車）

汚泥吸引車は、下水管や浄化槽、防火水槽等に沈殿堆積した汚泥を吸引洗浄する大型のバキュームクリーナーです。少し変わったところでは、飲食店の配水管設備には、その途中に廃油による浄化槽や下水道等の施設の機能の低下を防止する目的で、グリストラップ槽と呼ばれる中間槽の設置と定期的な洗浄が義務付けられており、規模や設備によってはこれらの清掃にも使用されることがあるようです。

PTOとプロペラシャフトで結ばれたポンプ駆動装置から、ベルトドライブでルーツ型と呼ばれるブロワを駆動し、汚泥を貯めるレシーバータンク内およびその先のホースの空気を引き抜きます。レシーバータンクそのものの真空度を高めることにより強力な吸引力を生み出し汚泥等を吸引します。

吸引された汚泥はレシーバータンクにたまり、水分やレシーバータンクで堆積しきれなかった小石や泥粒を含んだ排気は、ACユニットと呼ばれるフィルターや汽水分離器と排気浄化・消音装置など3〜4段階を経て大気に放出されます。レシーバータンクにたまった汚泥は再処理工場や処分地まで運ばれ、タンクに正圧をかけ逆圧送するか、チルト（ダンプ）して排出されます。このためチルト式タンクはフレーム後端でヒンジで固定され、タンク両側にチルト用の油圧シリンダとブロワ駆動装置にシリンダ作動用の油圧ポンプが取り付けられています。一部の型式では作業の効率を高めるため、汚泥を脱水して減容する能力を高めたものや、作業場所で別の車両に移し替えができるようにタンクがパンタグラフ式に上昇しチルトする仕様もあります。

架装上の特徴として、比較的重量がある装置が分散配置されるため、丈夫なサブフレームが使用され、その上に重量配分や配管損失などを考慮したコンパクトなレイアウトとなっています。フレームサイドへの張り出しも少ないなど搭載レイアウト上の課題は少ない架装物ですが、マンホール内への排気の流れ込みや植栽へ排気が当たるのを防

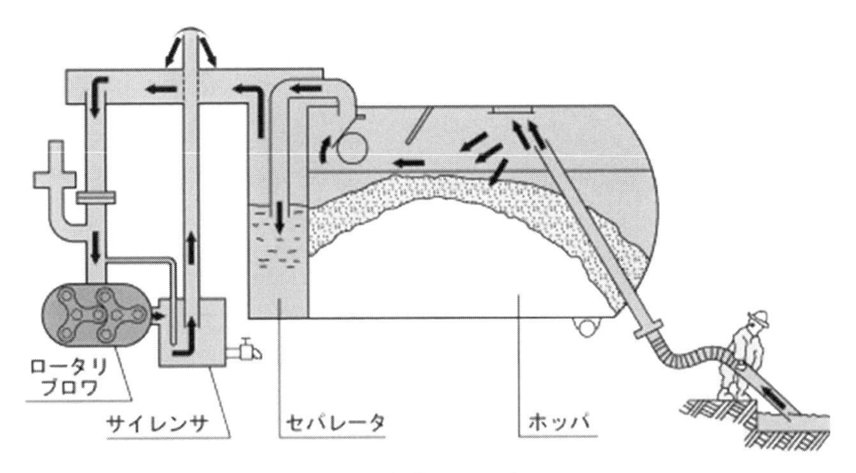

汚泥吸引作業のイメージ図
（一般社団法人日本産業機械工業会　風水力機械部会ロータリ・ブロワ委員会
「ロータリ・ブロワ（ルーツ式）の手引き」より）

ぐなど、作業員や作業場所への配慮のため、バーチカル排気管が求められます。最近の排気ガス規制レベルの進んだ車両では、排気管の改造によっては排ガス性能担保が難しくなり、3方向バルブを介してバーチカル排気管を取り付け、走行と作業で排気経路を切り替えることで対応している例も見られます。

各社ともポンプの吸引能力ごとにシリーズ化され、車格（総重量）に合わせ、積載物比重を1.0として計算された中型で3㎥、大型で10～12㎥程度のタンクが組み合わされ商品系列化されていますが、高性能（高吸引能力、送風能力）のためには高馬力エンジン、高出力PTOが必要となり、展開は大型のみという型式もあります。

搭載への検討は、長さと重さが決まったボディ（架装物）を載せる重量検討が主になり、ホイールベースと積載余裕、許容荷重といった、シャシ性能そのものがポイントになります。

ポンプはルーツ式のブロワを2段組み合わせて使用されることが一般的で、このポンプを大容量（トランスミッションサイド）PTOで駆動しています。ポンプの性能（必要駆動馬力）は回転数に依存し、最大2000rpm程度で回転させ、推定最大作業馬力が200PSに達するものもあるようです。

かなり大きな作業馬力ですが、タンク容量や作業対象物の容積の関係のためか、長時間高負荷での連続運転は少ないようで、冷却問題の発生を聞いたことはありませんが、作業中の吸引物による配管抵抗の変動や詰まりなど、瞬間的な負荷変動が発生しやすく、エンジンや駆動系（PTO）へは走行とはやや異なった負荷がかかる架装物です。いわゆる“静脈物流・保全”の車両で、災害出動等を除けば、ビルの浄化槽や、下水管清掃など夜間に街中で仕事を行うことも多く、車外騒音の配慮のため、低回転でのエンジン運転の要望が強いのが特徴です。さらに駆動トルクは増加方向であり、現在トランスミッションサイドPTOで駆動させている架装物の中では最も負荷の大きな架装物の一つです。架装サイドからみるとPTO能力が性能上限の決定因子となっており、PTOで間に合わない（超）強力な仕様では、別のエンジンを搭載しているものもあります。

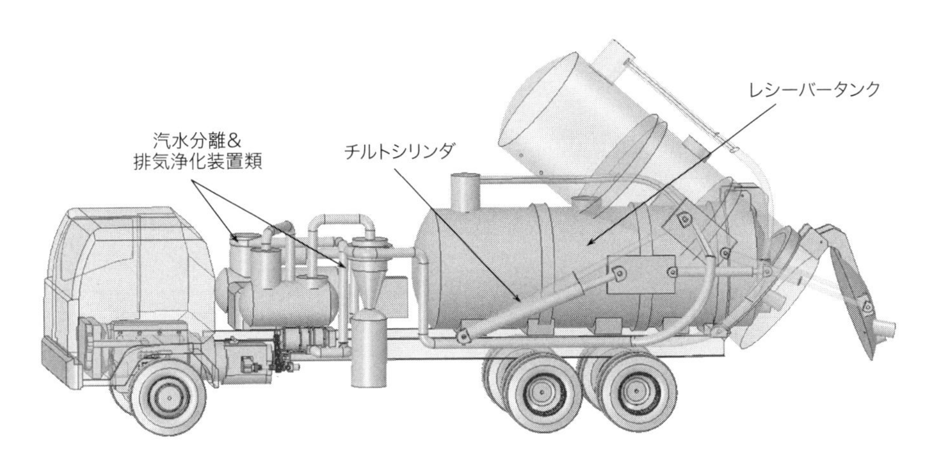

汚泥吸引車の構造例

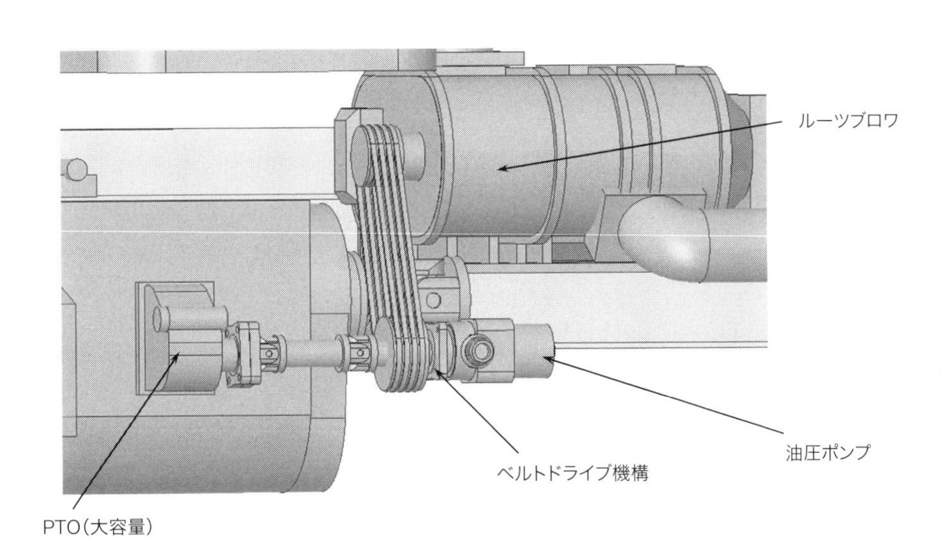

汚泥吸引車の PTO 付近拡大図

6)フレーム付きフロントエンジンバス

一見バスのように見える、トラックのシャシを流用して作製されたバス型トラック車両というものがあります。日本でも時折見かけることがあると思います。

よく目にするものにレントゲン検診車、競走馬を輸送する馬匹(ばひつ)車や放送中継車などがあります。運転席と後部が連続していることが大きな特徴で、これらを専門とする架装メーカーが存在しています。なお、似たような車両に移動採血車がありますが、これはバスシャシを改造して作製されることが一般的です。

海外でも同じような状況の架装物として、トラックシャシをベースとしたフレーム付きフロントエンジンバスがあります。フレーム付きフロントエンジンバスは海外ではよく見かける架装で、トラックシャシをベースとして設計されたバス専用シャシの他、ノックダウン生産国ではトラックシャシをバス用として、運転に必要な部分を除きキャビンを取る、もしくは一部改造するなどして出荷されているケースも多く、かなり高い架装構成比率を占めています。

マーケットとしては総重量16トンを超えるものありますが、大きな仕様変更のないトラックシャシの流用は12トン程度までで、一般に総重量8トン程度までを小型のトラックシャシ、11～12トン程度までは中型のトラックシャシが使用され、それを超えると何らかの形で専用シャシとなるのが一般的なようで、特に大型ではフレーム付きリアエンジンの場合が多いようです。

バスの規制や、基準はトラック以上に各国により異なる様子で、バスコーチビルダー主導のビジネスになることが一般的で、実際の検討も彼らがラインナップしているサイズ

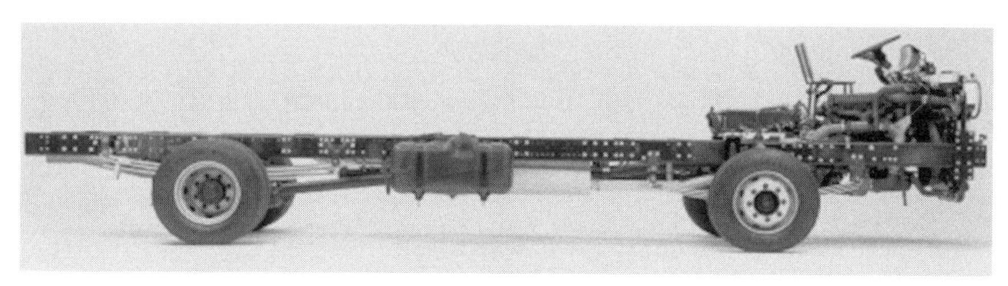

バス用シャシ例
(いすゞ自動車株式会社カタログより)

(長さ、重量)の搭載可否の検討が入口となります。そのために、今一歩理解・整理が進んでいないのが現状のようです。実際の検討の多くは、お互いの設計者レベルの内容になるものがほとんどになると思いますが、概要について、少ない経験ながら、いくつかのポイントを述べたいと思います。

①主要な用途区分

用途として大きく分けると路線、観光、スクール、自家用に区分でき、これらのうち路線はさらに都市内、都市間、長距離に、また定員やホイールベース、車両全長により大きさのクラス分けがされるようです。さらにエアサスや、AT、ドア位置などの細かな規定や基準が、用途や区分ごとに国や自治体で定められているケースが多いようです。

②車両諸元に影響する特有因子

基本的な寸法、重量に影響するバス特有の項目として、ドア幅、シートピッチ、リアオーバーハング/ホイールベース(ROH/WB)許容比、定員計算時の一人当たり重量(体重)、立席時の必要面積、座席と立席の最低比率、荷物室の容積と重量(比重量)基準などがあります。当然これらは国により、また同じ国でもトラックと異なる場合があるようですので、注意が必要です。

ドア幅、シートピッチはEC安全基準やそれに準じた国内基準により、また重量関係はその国独自の様子です。ちなみに日本では乗客重量を55kg/人、立席面積を0.14㎡としていますが、私がいたことのある南米某国では乗客重量を68kg/人、立席面積を0.145㎡(15"×15")、また観光、都市間の長距離用途では(安定性が悪化する天井への荷物積み込み防止策か)乗客一人に対して0.1㎥の貨物室容積の確保と、貨物室容積あたりに100kg/㎥の重量加算の基準が存在していました。

③製造と架装

一般にバスコーチビルダーは車格と定員数、および各社のシャシに対応したボディをシリーズで展開しており、ボディはスケルトンが一般的です。これらはシャシ搬入後、シャシ側への必要な改造等の事前工事を実施して、事前に組み立てられた構造材を、通常は床、側面、天井の順に組み立て、FRPなどで成型された前後パネルの取り付けや外板溶接を行い塗装を実施し、シートや電装等の艤装を行います。

少々変わったところでは、大手のコーチビルダーでは塗装や艤装までを終了させて、ボディとして完成された状態で供給（輸出）し、相手先でシャシに載せるPKD（Partial Knock Down＝相手先でシャシに搭載）といわれる形態の供給があります。

バスボディ工事例
（コロンビア・SuperPolo 社にて）

PKD（Partial Knock Down 用ボディ）
（コロンビア・SuperPolo 社にて）

PKD 用ボディの搭載工事例

④レイアウトと重量

架装にあたってのポイントは、トラックと同じようにレイアウトと重量成立性です。

レイアウトのポイントとして、床面地上高と床組み、ドア位置と開口部の確保、架装に伴うメンテナンス性の確保、冷却用の空気取り入れや吸気口の確保と排気管レイアウト（出口位置）、用途によってはトランク容量の確保などです。また、バス用シャシはキャブフロアとメーター回りを何らかの方法で残して供給することが一般的ですが、シリーズ化したボディ向けにはキャブフロアなしでメーターパネルやABC（アクセル、ブレーキ、クラッチ）ペダル、ステアリングを位置決めするためのキャブフロントサブフレームを現地ラインで設定して供給されている場合があります。

このようなケースでは運転席位置やペダル、ハンドルなどの操作機器の配置をベースシャシと同一とするため、各操作装置、メーター類の位置、ドライビングポジションなどの寸法値と取り付け基準点などの情報提供が必要な場合があります。

床組み（床位置）のタイヤクリアランスに関する考え方はトラックと同じで、リーフスプリングのバッファ当たりストロークなどを基準に、通常は必要寸法を確保するために縦根太の上にボディ構造材でもある横根太を載せますが、タイヤハウスを床面に出っ張らせ、その上にシートをレイアウトする等の方法がとれるため、路線では低床化のため縦根太を使用しないものも多く見られます。

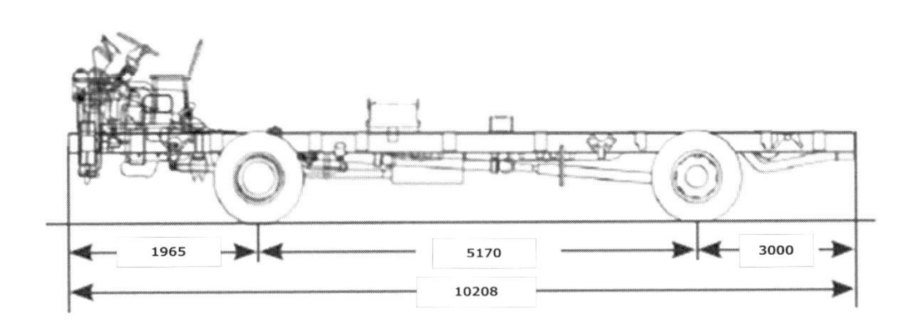

フロントドア対応バスシャシ例（Mercedes-Benz OF1318）

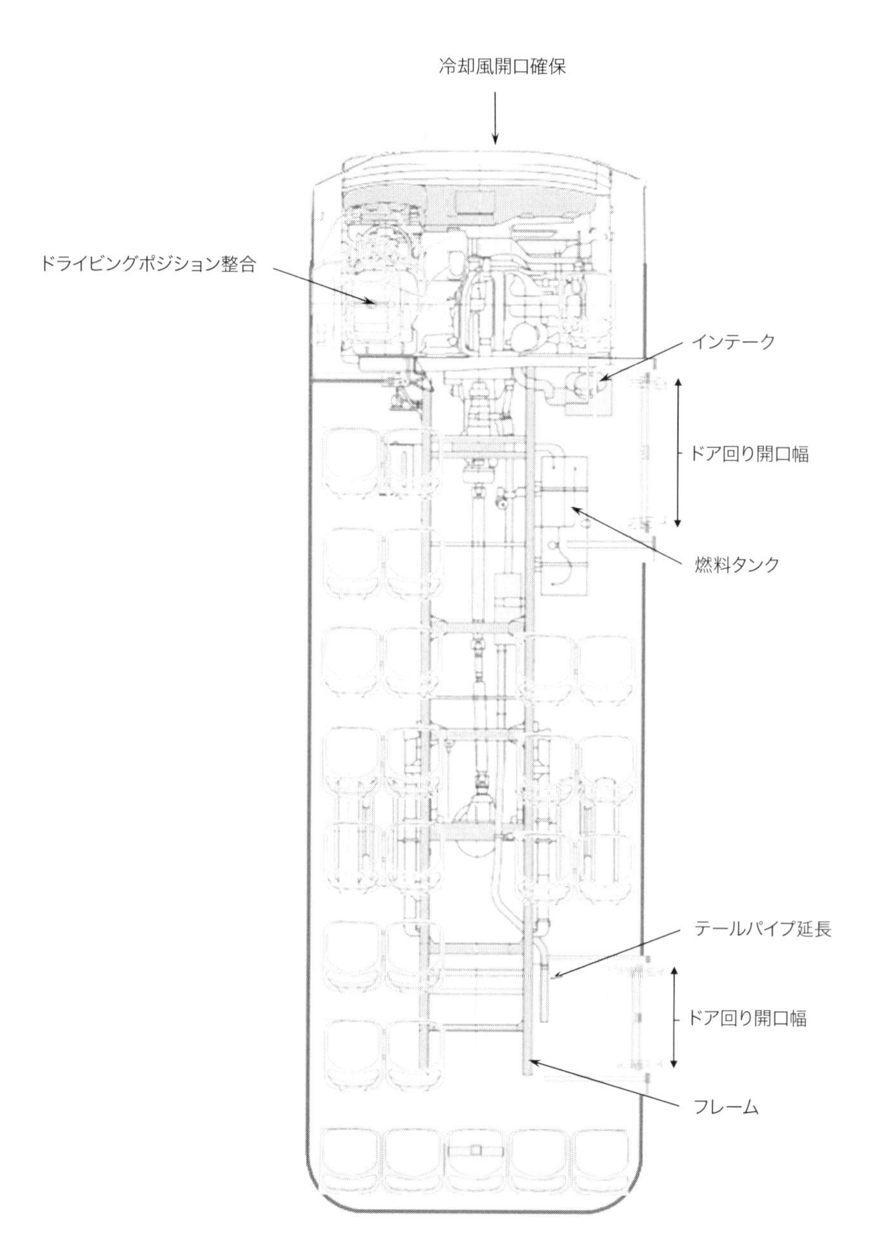

バスボディ搭載検討例（路線用）

ドアの位置は基本的にホイールベース間の最もフロントタイヤ寄りですが、特に中型以上の都市内路線でフロントタイヤの前側（フロントオーバーハング）への設置を規定もしくは要求される場合があります。これに対応するためには一般には1600mm以上のフロントオーバーハングが必要となります。トラックベースで対応のためには一回り長いホイールベースのシャシをベースに、フロントアクスルを後ろにずらすなどの方法、もしくは直接フロントオーバーハングを延長する必要がありますが、重要保安部品であるステアリングリンク系の変更が必要となるなど、一般的な改造の範囲では収まらず、欧州車に見られるようなフロントオーバーハングの長い専用バスシャシが必要となります。

その他中小型の定員が少ないものはさほど問題ではありませんが、大型の都市間や観光用途では荷物室容積確保にはフレームは邪魔となり、大型のフレーム付きリアエンジンバスシャシにはホイールベース展開の自由度とあわせ、前方の運転席、アクスル回りとリアのエンジン、アクスル回りを残し、中間部のフレームのない仕様があります。

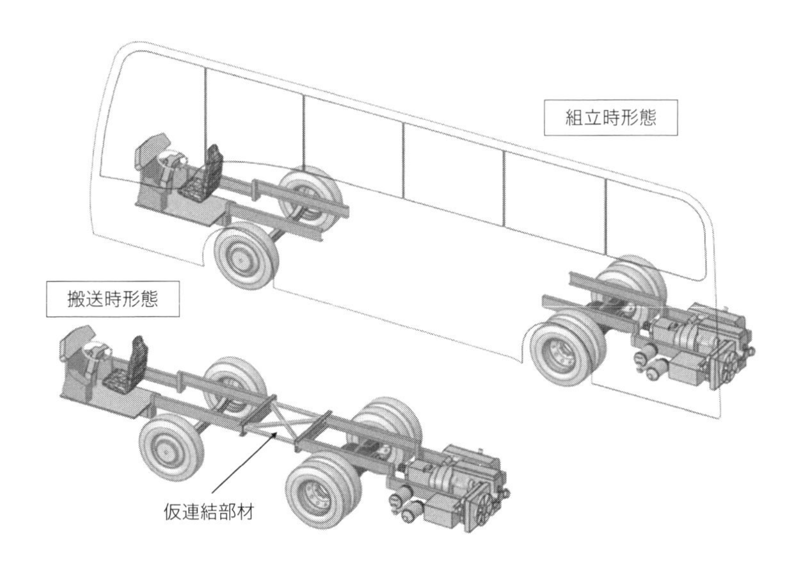

セパレートフレーム式バスシャシのイメージ図
（Volksbus 18-320EOT 他を参考に作成）

⑤ボディ長とシャシホイールベース、重量

バスボディは用途と定員等により大きさが決まります。基本的にこれらの検討と設計は現地のコーチビルダーの仕事そのもので、これらに加えボディ長の違いによるシリーズ展開や各社のシャシ展開などを考慮してサイズを決めています。ボディ長は長さに対する規制、特にリアオーバーハング/ホイールベースの扱いにより大きく異なりますが、参考に私がいたことのある国の例では、比率は2/3以下で、小型クラスのシャシが対応している（要求されている）ボディ長は7～8.5m（23～28feet）程度で、0.5m（2feet）程度の長さでモジュール展開されていました。

これは、大元をたどれば、どこかのシャシに合わせてボディを設計しているはずですが、展開された後は「先にボディありき」で、ボディ長の長いものへの対応（搭載）については一部オリジナルのホイールベースが設定されていました。

ボディが長くなることは乗車定員増、重量増加につながり、物理的に極端な過積（乗車数増）がある市場ではありませんが、トラックの届出許容の数値をわずかに超えるという微妙な位置でした。

重量、寸法の基準は各国ごとですが、人間の体重などは、実際にボディを作製するとなると現実問題としてあまり大きな差がないと考えられ、小型シャシでは、全長8m、40人が一つの上限の目安のように見えます。

一般に今まで紹介したような架装物では車両の基本装置の移設や、架装側装置の配置や配管の見直しなど、技術的難易度もさることながら、シャシ側、架装側ともある程度の検討時間を要するのが現実です。

例えば排ガス規制などで登録期限が定められたモデルチェンジでは、車両を発表発売してから検討をしてもその期間は架装メーカー側のビジネスは止まってしまいます。このため、当然架装メーカーも事前に準備を開始する訳ですが、そのタイミングに適切な情報があり、協力的であったシャシメーカーのシャシから検討することになり、シャシメーカーにとってはこのタイミングを逃せば検討は先行社が終了するまで、さもするとその架装の量産が立ち上がるまで後回しとなるため出遅れ、結果的に少ない需要とはいえビジネスチャンスを逃すことになります。

このためには普段からの良好な関係、コミュニケーションの維持もさることながら、技

ボディ	乗客＋乗員	寸法		重量				備考
	全（座＋立＋運）	全長	WB	車体	乗客	シャシ（含燃料）	GVW	
	31（27+ 3+1）	6,852	3,365	2,200	2,108	2,257	6,565	
	41（29+11+1）	7,594	3,815	2,400	2,788	2,282	7,470	
	40（31+ 8+1）	8,105	4,005	2,830	2,720	2,282	7,832	現地オリジナルWB（ROH基準超過）
	48（22+25+1）	8,420	4,500	2,900	3,264	2,322	8,486	新展開要望検討値

フレーム付きフロントエンジンバス展開例

術的な側面での3D－CADは搭載時の装置干渉を中心としたレイアウト検討には有効なツールのようです。特に日本ほどface to faceのコミュニケーションがとれない海外架装メーカーとのやり取りではかなり効率的な道具のようです。最近はパソコンの高性能化に伴い、パソコンレベルでも動かせる実用に耐えうるCADソフトも存在しており、検討に必要な表面部分だけを提供できるような軽量サイズのデータ生成と、フォーマットの整合やデータ授受のルールの整備が必要な時代になったように感じます。

註

(3) 関係者間で使われていた俗語で、正式な名称が見つからなっかたので使っています。英語ではwirelineと呼ばれている様です。

(4) Hazard Analysis and Critical Control Point。ハサップ、ハセップと呼ばれる食品製造および物流上の安全確保の管理手法。

(5) 直結型では冷凍機駆動のための燃料消費は走行分と分離はできないので「走行燃費」として現れます。冷凍機の省エネは車両燃費の向上につながります。

(6) 「自動車車体技術の発展の系統化調査」2010年3月30日　国立科学博物館

(7) JIS1401、ISO3.1.6。対応英訳はsemi-trailer-towing vehicle、(fifth wheel tractor)、semi-trailer-tractor、truck tractor。

(8) 正本の他に金属製の「タンク検査済証(副)」銘板が交付されタンクに貼付します。

(9) 搬送時の規定として代表的なものに、品名と事故発生時の応急措置方法、緊急通報先、緊急連絡先、漏洩・飛散時、周辺火災時、引火・発火時の対処方法および救急措置方法等が記載されたイエローカードの携帯があります。

(10) メーカーにより呼び方の違いがありますが、ここでは資料を引用した新明和工業株式会社の呼び名を主に使用します。

(11) ボランティアとはいっても組織的には消防団員はその地方自治体から任命されており、活動は公務ですので身分は「非常勤地方公務員」となり報酬もあり、万一のときの災害補償もあります。

(12) 一般的な建物の各階の高さは3mで、例えば30m級とは概ね10階建ての屋上に到達する能力ということになります。

(13) 「く体工事の主要資材量に関する調査結果」財団法人建設物価調査会　総合研究所総研リポート(2008.4 Vol.2)

第３章

架装検討と架装性

シャシにボディが載ってトラックとなります。シャシとボディは基本的に違う会社が作製していますので、車両に仕上げるために最終的な寸法重量諸元を求め、それが法規の範囲内であることを確認し、トラックの競争力そのものである積載量（搭載容積）を明らかにすることが必要です。またその過程では物理的に搭載できるか、搭載にあたって何らかの改造、移設が必要かといった検討が加わることもあります。

一般的にこれらの検討を「架装検討」と呼んでいます。明確な定義がある訳ではありませんが、混乱防止を含めここでは表のように言葉を大括りにして話を進めます。求める結果精度に差がありますが、目的は両方とも「どんな車になるか」を明らかにすることです。

		シャシ	ボディ	主要検討項目
架装検討	搭載検討	新規・年次変更	（既存）	装置・機器配置（干渉、締結位置他） 寸法重量
		（既存）	新規・変更	
	重量検討	仕様・装置オプション変更		重量（積載量）変動

架装検討の分類と主要検討項目例

1　ボディの大きさとホイールベース

ボディの大きさは何で決まるのでしょうか?「積む荷物の量、単純にたくさん積みたければ大きなボディが必要」ということは誰でもわかります。

それではその大きさはバラバラなのでしょうか、それとも規則性があるのでしょうか?まずはそこから説明していきます。

1）モジュールとユニット

示した表はJIS D04002で規定されている「トラック荷台の内のり寸法」です。意外に思うかもしれませんがJISには輸送・積載効率化を目的としたトラックの荷台サイズの規定があります。これによれば長さは30cmもしくは60cmの刻みで規則性があります。つまりフィート、尺です。人力での取り扱える荷物のサイズとして、また大きさを伝える単位としてフィート（もしくは立法フィート：Cubic Feet）は便利な単位だったようで、日本でも尺は（腕や足の長さや体格の差はあったものの）フィートとほぼ同じ長さであったためか尺および立法尺を表す才（さい）が使われるようになり、今もボディ長を表す単位（特に小型系）として、また梱包ダンボールの大きさ（容積）を表す単位として残っています。

現在はボディの大きさはもう少し大きな荷役単位であるパレットで捉え、何枚載るかを考慮します。また梱包単位の製品をパレットに効率的に積み付ける包装モジュールという考え方が物流設計の主流ですが、パレットも搭載時の積み付け余裕が考慮されて決められた大きさで、実質はフィート（尺）の倍数[13]といえます。

事の起源は荷物の大きさが先か、パレットが先か、ボディの大きさなのかはわかりませんが、結果的にすべてフィート（尺）を基準に「ユニット化」されているのが現状です。

2）ボディ長とホイールベース展開

そのボディを搭載するトラックも、積載量（低シャシ重量）、取り回し（少回転半径）が有利になるように搭載できる最も小さい（ホイールベースが短い）ものがベストサイズですから、展開はある規則性を持つことになります。

JIS D04002（転記）　　　　（単位mm）

	記号	A	B	C	D	E	F	G
幅区分	普通荷台	2,340	2,120	2,040	1,840	1,600	1,500	1,320
	バンボディ	2,370	2,150	2,070	1,870	1,580	1,500	1,320
長さ区分		9,600						
		9,000						
		8,400						
		7,800						
		7,200	7,200	7,200				
		6,600	6,600	6,600				
		6,000	6,000	6,000				
		5,400	5,400	5,400	5,400			
		4,800	4,800	4,800	4,800			
		4,200	4,200	4,200	4,200			
					3,600			
					3,000	3,000	3,000	
						2,700	2,700	
						2,400	2,400	
								1,900
備考		普通自動車				小型自動車		軽自動車

JIS トラック荷台の内のり寸法（JIS D04002-1989）

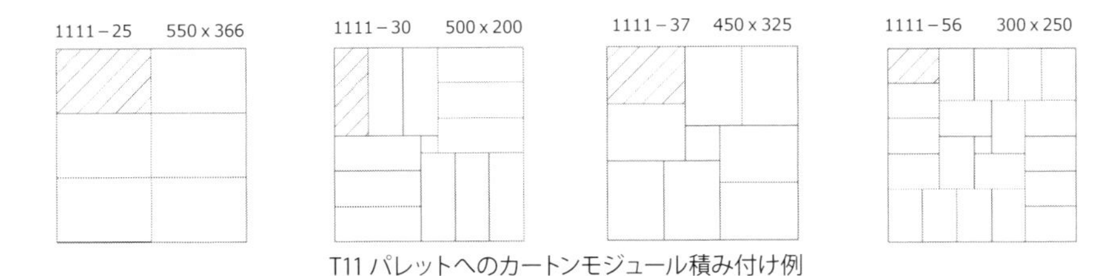

T11 パレットへのカートンモジュール積み付け例

規格 (mm)	1,200 X 1,000 (T-12/EURO-2) 1,219 X 1016 (48″ X 40″)	1,200 X 800 (EURO-1)	1,100 X 1,100 (T-11)	1,165 X 1,165
国名	アメリカ カナダ メキシコ イギリス EU 南アフリカ シンガポール マレーシア インドネシア タイ 香港 中国 フィリピン ニュージーランド 日本（低温）	EU	日本（常温） 韓国 中国 オーストラリア	オーストラリア

パレット規格のサイズ別展開国の分布

一般に日本の小型中型系では、ボディの前端はキャブバックからキャブ動き代を加えた位置として、リアオーバーハングを平ボディをはじめとする一般的な基準であるホイールベースの50%を基本とし、バン用途でも旋回時に外輪差によるボディ後端の外振れがあまり大きくならないよう経験的に52～55%程度にします。大型では車両全長基準一杯かつ回転半径は少なくなるようにリアオーバーハングはホイールベースの最大66%（2/3)の関係となるような設定を基本に、重量バランスなどを考慮して決められています。

またキャブバックの寸法が決定項の一つですから短いほうが有利で、同じボディを搭載するならばショートキャブの方がホイールベースを短くできます。

一方ダンプ、ミキサーや塵芥などの特装系では、重量や容積などの要求仕様と積荷比重から寸法(長さ)が決まり、それに応じたホイールベースの車両を用意(設定)することになります。中型では内包長4500～4800mm（15-16フィート)、大型では5100～5400mm(17-18フィート)と6000～7000mm(20-23フィート)程度をベースとして搭載物比重に応じて高さを変えており、搭載物の特性に合わせたキャブバックスペースやリアオーバーハングを考えて架装するので、ホイールベースとしては2～3種類の設定ではぼカバーできています。

物流の世界は自動車(トラック)の寸法・性能に合わせて動いていると思っているかも

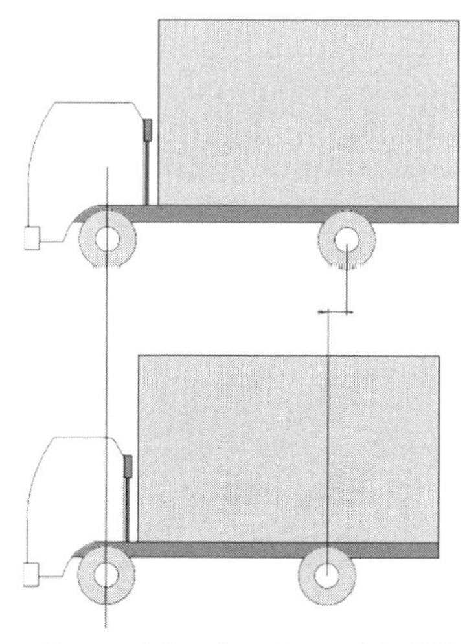

フルキャブとショートキャブへの同一長ボディ搭載イメージ

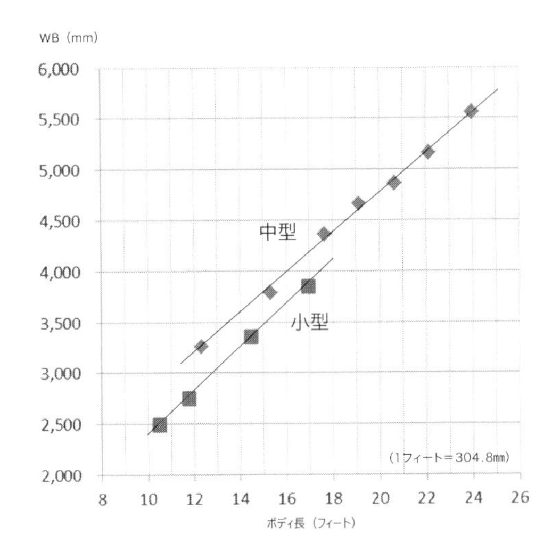

ボディ長とホイールベースの規則性と展開例

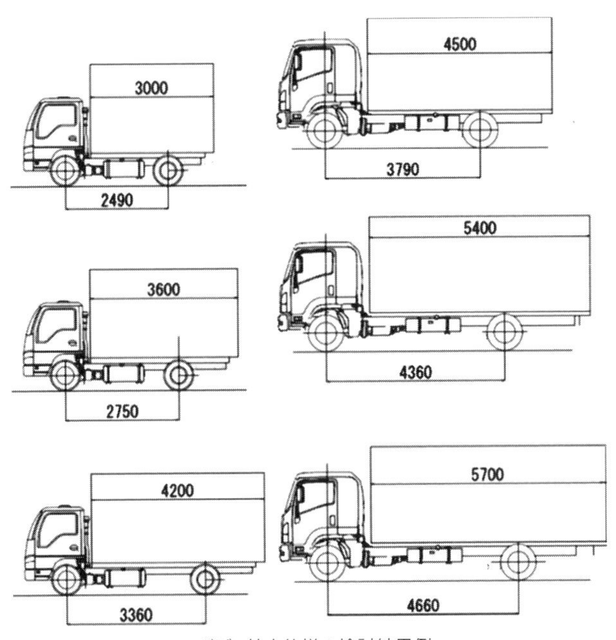

ボディ基本仕様の検討結果例

しれませんが、積荷(の箱サイズ)、パレットとトラックのボディ長、ホイールベースはあるルールのもと連続性を持った密接な関係で動いています。荷物側の視点に立てば、どんなに優れた車両性能を持っていても、適正なホイールベース展開がなされていないトラックは使えない車になってしまいます。

2　搭載検討と重量検討

シャシは年次により排気ガスや安全の規制対応のため吸気・排気のレイアウトや新装置の展開等によりレイアウトや重量が変わることがあります。ボディには排気ガス規制のような頻繁にモデルチェンジを行わせるような規制はありませんが、軽量化やコストダウン、不具合対応を目的とした材質、仕様変更は比較的よく行われています。これらのケースでは、搭載のレイアウト(スペース)の確認・確保と重量変動を中心とした検討を行う必要があります。基本的にこれらはお互いの設計(開発)の仕事ですが、一般的にはそのモデルチェンジの実施側が主体的に実施します。その作業を「架装検討」、結果を「架装性」という言葉でまとめ表現しています。

架装性の確保、実際の検討結果の対応は両社にまたがることが多く、架装メーカーは複数のトラックメーカーを相手にしているため、共通化を目指しています。最終的には架装メーカーもビジネス機会を減らすわけにはいきませんので、どのような形でも対応してきますが、個別の対策(仕様)はシャシメーカーでコントロールできないまま(最終)価格に跳ね返ってきます。シャシメーカーにおいても、一方的な「シャシはここまで、後は架装で」が常に通じる世界ではなく、架装メーカーとの協業や成立に向けてのマネージメントは比較的難度の高い仕事です。

対して重量検討は、基本的にすでにある車両(シャシ+ボディ)の燃料タンク増設、テールゲートの取り付けなど、仕様の変更や取り外し等による積載量の影響(変動)を求める商談時の仕様とそれを反映したときの重量寸法の確認ですので、実施に際しては、だれが計算・検討するかは別にして営業レベルで行う検討といえます。

3　搭載検討の実際

日本では技術、対応力ともに高く、長年にわたりビジネスを進めてきた架装メーカーが多く、依頼をすれば時間の長短は別にして検討結果を入手することができますが、海外市場では規模、技術でかなり勝手が違い、搭載検討を行える架装メーカーばかりではありません。また搭載検討が行えるような大手の架装メーカーの場合、現状のシャシとの組み合わせで上手く行っているなら“新参者”のシャシの検討をそれほど行う必要性もなく後回しにされ、そのまま忘れ去られる……と言ったケースもないとはいえません。

このような場合、特にその国(架装メーカー)初の仕様の場合などでは、ある程度の検討を自社で行っておく必要が生ずる場合があります。

1)既存シャシと新規ボディの組み合わせ

日本の宅配サービスの会社がある国へ進出にあたり、その国では全く初めての仕様となるボディの検討を行ったことがあります。この事例で手順と情報、検討内容等を説明していきたいと思います。

①顧客要求

まず初めに顧客がどんな車を要望しているかを理解することが重要です。このケースではすでに日本で使用している車両があり、それと同じものを作りたいとのことで仕様書が存在していましたが、基本諸元に関わる主要な要求は以下のようなものでした。

・普通免許で運転可能

・都市内乗り入れ規制対応のためリアシングルタイヤ

・冷蔵(−18℃)冷蔵(0℃)ドライの3室

・ドライ室は作業者が立てること(可能な限り170cm)

・ボディ長は3m程度

・車両後部に200mm幅のステップ

・冷凍機は顧客指定型式使用、(架装重量　90kg)

②法規条件

当該国の寸法重量に関する規制・基準が存在しているはずですので整理します。この国のケースでは、

・最大寸法基準　　　全高＝トレッド×1.75×1.1倍まで

・リアオーバーハング（ROH）はホイールベース（WB）の1/2以下

・全幅=（タイヤ最外側+6インチ（150mm））×2

・乗用車免許で運転可能なトラックの範囲　空車重量3000kg以下

などでした。

③シャシ・ボディ基本情報

これらの要求に対応するシャシとしてホイールベース2.5m 2トン積み、リアシングルタイヤ仕様の小型トラックとなりました。シャシの選定は重要なポイントですが、今回は現地ですでに実績のある車型で要求性能的にも問題ないとの判断をしました。

④ボディ基本仕様

本来は日本と同じように薄板のパネルバンをベースに温度管理室を断熱仕様としたかったのですが、事前に幾つかの架装メーカーの調査をした結果、その作製実績・実力ともに不可能と判断し、全体を保冷バンで作り、必要部分に冷凍配管としました。

主要部	仕様
天井/前壁/内壁/床（冷凍・冷蔵部）	スチレンフォーム100mm+内外2mmFRP
サイドパネル	スチレンフォーム　75mm＋内外2mmFRP
床厚（ドライ室）	プライウッド 18mm
フレーム～縦根太クッション材	木材　25mm
縦根太	スチール　コ型　高さ75mm
横根太	スチール　コ型　高さ75mmまたは100mm

搭載シャシの基本寸法諸元

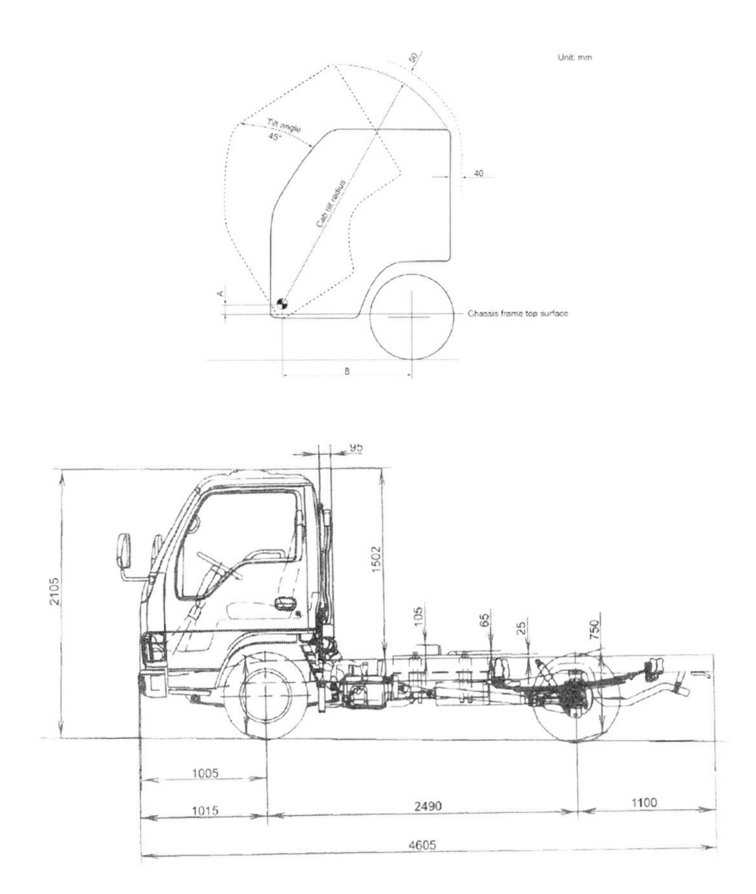

車両基本寸法の基準値項目と検討結果
（いすゞ自動車株式会社架装資料より）

⑤何を決めていくか

シャシメーカーの立場では、最終的には外観4面図と、車両重量、積載量、加えて可能ならば最大安定傾斜角といった車両成立性と、トラックとしての基本性能諸元および搭載締結方法を把握しておく必要があります。

シャシの寸法、重量に関連する情報は『架装技術マニュアル』（架装資料）、海外のケースでは『Body Builders Guide』や、またその国への届出資料などを参考に検討を始めます。

⑥ボディ（車両）寸法

架装検討時のボディ位置は（前）タイヤ基準に求めることが一般的で、架装資料のシャシ図をもとに各々のポイントを求めます。寸法の検討は計算でもできますが、経験的には作図の方が簡便です。

はじめに主要位置と要件および当該国の寸法基準等から、車両のアウトライン（概略値）が以下のように求められました。

主要位置と要件から外枠寸法は概ね求められましたが、床面地上高、室内高が不明です。これらを求めるためにフレーム地上高を算出する必要があります。

架装資料のフレーム地上高の計算に従い求めますが、タイヤとバネのたわみ、つまり

項目	要　件
ボディ前端	キャブ後面の最突起部に架装資料で示されたキャブの動き代を加えた位置 （標準の動き代は40mmだが、冷凍機の配管等の余裕を見て100mmに設定）
ボディ後端	車両の許容後端位置はWB X 1.5 ステップも含まれるため要求幅200mmを差し引いた位置としたいが、フレーム内側に入ってしまう（フレームカットが必要）ため、フレーム後端
ボディ上端	ボディ後端位置で地上高 リアトレッド x 1.75 x 1.1
ボディ全幅	タイヤ最外側＋６インチ×２

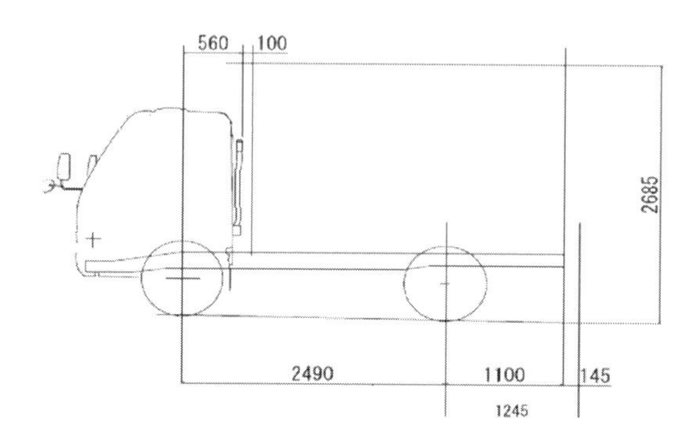

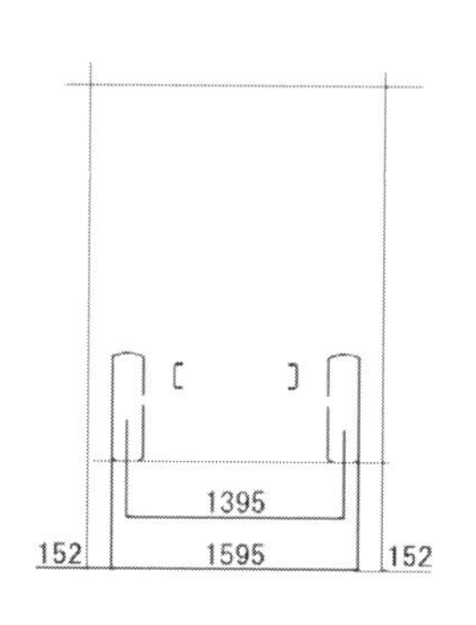

主要部位の要件と反映値

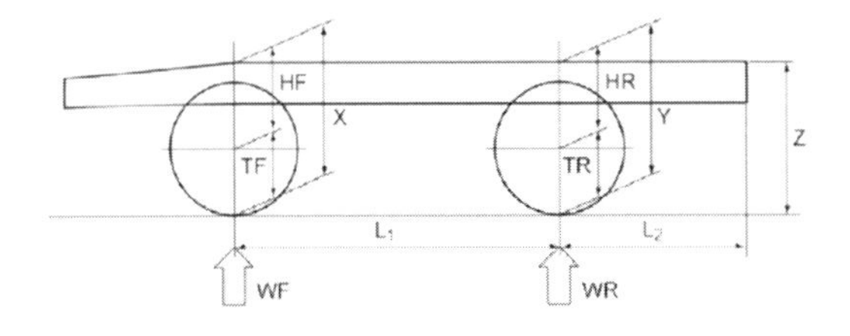

$$X = HF + TF$$

$$Y = HR + TR$$

$$Z = Y + \frac{(Y-X)L_2}{L_1}$$

	Formula	Conditions
HF=	FA－FK1 x WF	
HR＝	RA1－RK1 x WR	WR≦Load at helper spring's activating point (kg)
	RA2－RK2 x WR	Load at helper spring's activating point (kg) ＜ WR

Vehicle model	Front spring		Rear spring				
	FA	FK	RA1	RK1	Lord at helper Spring's activating point	RA2	RK2
NLR55EU-ED1AYMW	335	0.0454	323	0.0361	1732	230	0.0160
NPR66LU-HJ5AYMW	346	0.0355	390	0.0282	2540	273	0.0089
NPR66PU-KL5AYMW	339	0.0301	380	0.0210	3085	295	0.0067

フレーム地上高計方法の例
(いすゞ自動車株式会社架装資料より)

各軸にかかる重量で数値が変動するため、はじめに(概算の)ボディ重量値が必要です。ボディ側の全ての仕様が盛り込まれていない中では、フレーム地上高がわからないからボディ高さがわからない、高さがわからないから重量計算の精度は……と両竦みとなりますが初期値(とりあえずのボディ重量値)を入れなければ検討が回り始めません。

一般的なアプローチとして、スタートは近似したボディの実績値を使用し、仕様が決まった後に使用部材の寸法や材質から主要部位の重量計算を行い、重量分布と重心高(転角計算)を求めます。

計算過程は省きますが、このケースでは実績から840kgでスタートし最終的に800kgと推定し、先の検討結果から搭載位置(搭載オフセット)を求めます。同様に冷凍機重量も搭載位置より配分し各軸重を求め、これをもとにフレーム地上高X、Y、Z値を計算します。合わせて、タイヤとボディの必要クリアランスの検討として、リアスプリングの最大たわみ量(スプリングがバッファラバーに当るまで)からタイヤの動き代を計算し、サブフ

	フロント	リア	合計
シャシ重量	1,185	495	1,680
ボディ重量	115	685	800
冷凍機重量	70	20	90

計算諸元値

条 件		X (Ft Axle)	Y (Rr Axle)	Z (フレーム後端)
シャシ	Spring	281	331	
	Tire	379	385	
	Total	660	716	740
空車	Spring	273	306	
	Tire	378	378	
	Total	650	684	699
積車（定積）	Spring	257	279	
	Tire	375	372	
	Total	601	621	629

フレーム地上高計算結果

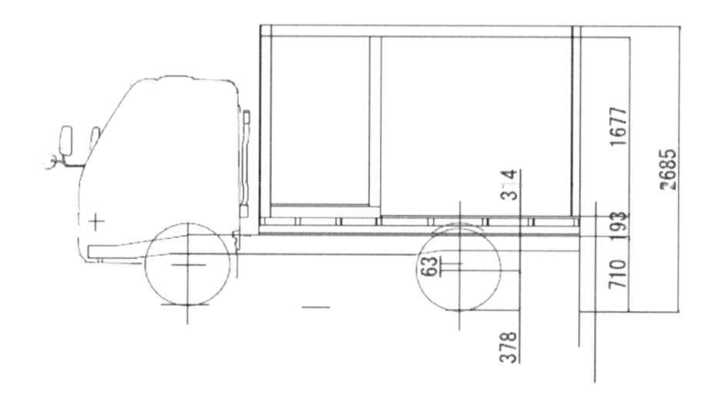

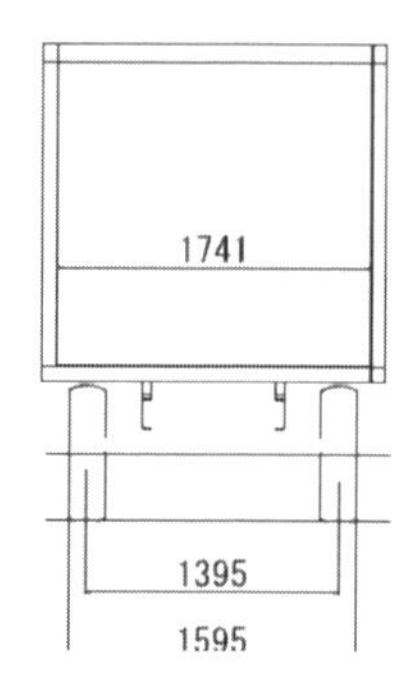

基本諸元計算結果

車型式　NKR55EU-1EXYMW

名　称	重量　(kg)	前軸中心からの距離　(m)		重量分布 (kg)	
				前　軸	後　軸
シャシー重量	1,680			1,185	495
冷凍機	90	0.600	54.000	70	20
フロントパネル	38	0.712	26.835	28	10
サイドパネル	113	2.125	240.209	18	95
サイドドア	22	1.220	27.143	12	10
リアドア	93	3.585	334.063	-42	135
中仕切1	30	1.715	50.747	10	20
中仕切2	15	1.210	18.064	10	5
ルーフパネル	101	2.120	215.092	16	85
フロア断熱	18	1.210	21.896	8	10
フロア	97	2.139	207.838	12	85
サブフレーム	216	2.139	462.880	31	185
リアバンパー	30	3.635	109.050	-15	45
サイドバンパー	25	1.340	33.500	10	15
他）　棚	100	2.579	257.900	-5	105
車両重量（w）	2,669	2.083		1,349	1,320
最大積載量	1,100	2.139		155	945
乗員（3名）	180	-0.205		195	-15
車両総重量	3,949			1,699	2,250

タイヤ許容	呼称			7.00-16-10	7.00-16-10
	許容値	-		2,300	2,300
	余裕			601	50
	負担率	-		73.9%	97.8%
軸許容	許容値	5,500		2,500	3,000
	余裕			801	750
	負担率	71.8%		68.0%	75.0%
軸負担割合				43.0%	57.0%

重量検討結果

レームやフレーム枠の必要値を算出し、床面位置を決定します。

以上で主要位置が決まり、他の寸法諸元を導き出すことが可能になり、あとは重量検討を行えば、「どのような車か」を具体的な数字として顧客に説明ができます。また架装メーカーにも基本的な指示ができるレベルになり、基本検討は終了です。

この先はドアの形状やロック機構、ストッパー仕様、内装材、室内灯などの電装など使い勝手に関する要求仕様を反映させる「仕様検討」と呼ばれるステップとなり、架装メーカーの仕事となりますが、現地メーカーにとっては過去経験したことがない仕様などの場合では、狙いや考え方などの説明を行う必要など、状況により引き続き関与する場合もあります。

これらの検討結果をもとに、架装メーカーと打合わせて作製を依頼し、また顧客に対して仕様書を作成することになります。

⑦補足

適合シャシが存在するところから始め、ボディ搭載の検討についてあらましを述べましたが、実はシャシの冷凍専用への改造では、特に古いエンジン型式の場合は冷凍改造キットが展開されていないことも多く、冷凍用4段クランクプーリー、冷凍機取り付けブラケット、大容量ジェネレーターの準備とハーネス容量を含めた互換性の確認、バッテリーの調査、準備など、結構な労力を要しました。

搭載検討の主目的は顧客に「どんな車になるか」を示すことですが、逆にどこまで示せば(関与すれば)良いのか、毎回判断に困るところでもあります。結果的に架装メーカーの技術力、要求への理解力や対応力等を見極めて相手を選びます。経験のない部分については、助言や指示をしながら車両完成までのあいだ関与するケースもありますが、このような場合でもボディの製品保証(責任)は製造者である現地メーカーが原則ですので、関与が深くなるに従い業務範囲を明確にしておく必要が多くなります。

2)既存のボディとの組み合わせ

海外案件の架装検討は、依頼者が顧客か架装メーカーかといった違いはありますが、ほとんどは「このボディが載るか?」であり、基本的に内容は重量検討です。

ある国のビールの物流会社の商談応札のための検討例でそのポイントを紹介します。

①搭載商品構成

- ·500ml瓶　1ケース24本パレット8段96ケース　1.2×1.3m　1.53トン
- ·350ml瓶　1ケース24本パレット7段84ケース　1.12×1.12m　1.07トン
- ·販売比率(搬送比率)　350ml:500ml=3:1
- ·架装メーカー　米国Hackney社[14]系のボトルキャリア作製メーカーを指定。

ベースとなるボディは8パレット仕様でボディ長5310mm、重量1550kg、壁厚50mm、350ml用に幅1220mm、500ml用に幅1400mmの箱型ユニットの組み合わせで構成されています。

②要求内容

6パレットから12パレットまでの搭載車両を使用する計画で、パレット枚数ごとの車両仕様と価格の提示でした。総重量6トン程度の6パレットから中型トラクタの12パレットまでの検討でしたが、ここでは発注台数の主力であった8パレット仕様車の検討について紹介します。

許容GVW（車両総重量）、アクスル許容荷重、タイヤ許容等のシャシ情報は現地のシャシ仕様書より求めました。

このケースでは積載物に関する情報は明確でしたが、よくわからないことも多く、そのような時はビール一本の重さ、ケースの重さとサイズ、パレットの重さとサイズを、現場に出向き測定と聞き取り調査することから始まる場合もあります。

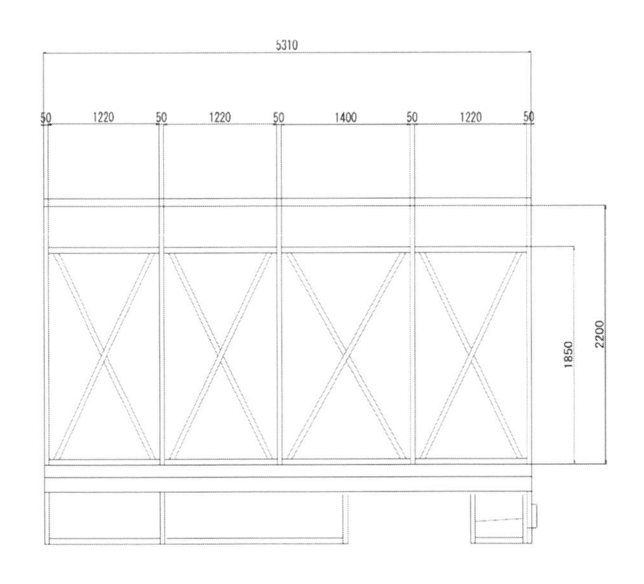

ボトルカーユニットボディ例（8パレット搭載仕様）

ボディについても今回は標準的な8パレット用ボディに関する重量情報(1550kg)が得られていましたが、常に直接使えるボディ情報が入手できるとは限りません。そのような場合には日本を含めた類似の情報から、長さあたりやユニットあたりの重量を推定して始めることもよくあります。

ちなみにこのHackney社系ボディは根太組の上にユニット化された部材で荷室を作り上げる構造のため、他の6、10、12パレット搭載については荷室ごとの重量を推定して、その組み合わせによりボディ重量を推定しました。

③検討

キャブバックからボディまでの必要空間を定めて、ボディの搭載オフセット値を求め、空車重量を算出します。次に積荷の搭載位置が決まっていますので、各々の積載位置を求めてから重量計算し、車両総重量と車両寸法を算出しました。

実際の検討にあたってはパレットの積載位置組み合わせ、キャブバックスペースの最適値計算や他のパレット数搭載車でも使えるように、表のような計算シートを作成し対応しました。

結果は、ボディに合わせたホイールベースを選択するのではなく、今あるホイールベースに少々無理をして搭載したため、リアオーバーハングが短くなりあまりスマートな車両とはならず、またフル積載時に総重量、リア軸許容が微妙に重量超過するため、減載での運用が必要となりましたが、その旨の説明を行い商談をまとめました。

註

(13) 1.1mロールパレットは積付け余裕がほぼ0でも成立することに注目し、9×2本搭載するフィート倍数ではない10m専用ボディを作製・使用している会社もあります。

(14) 飲料用ボトルカーキャリア大手。コーラの展開戦略に呼応し、ほぼ世界各地で技術供与やプレハブのキットを供給しています。

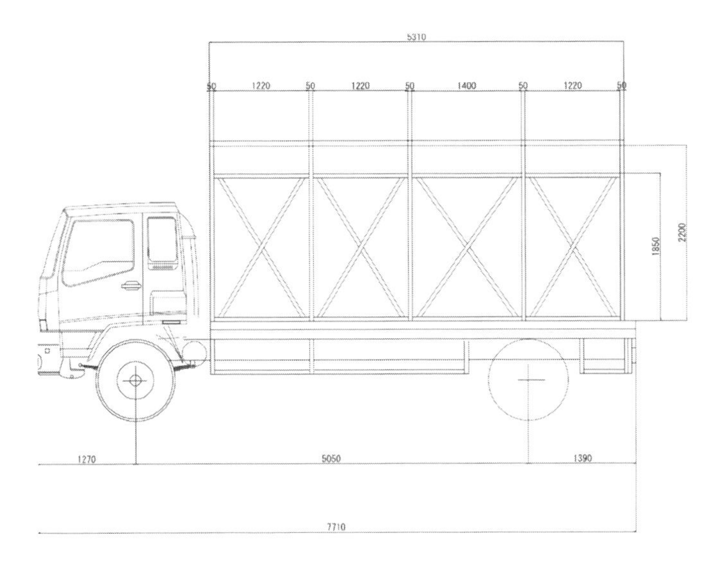

8パレット搭載仕様車

Chassis	Wheel base		5,050
	Front over hung		1,270
	Tire to end of cabin		830
	End of cabin to Rr tire		4,220
	Axle Capcty	Ft	6,300
		Rr	9,200
	Tire		11.00R20-16PR
Body	Length		5,310
	Weight		1,550
	Cab back space		150
	offset(From Rr Tire)		1,415
Cargo1	Pay load		2,140
350ml	offset(From Ft Tire)		1,710
Cargo2	Pay load		2,140
350ml	offset(From Ft Tire)		2,980
Cargo3	Pay load		3,060
500ml	offset(From Ft Tire)		4,340
Cargo4	Pay load		2,140
350ml	offset(From Ft Tire)		5,700

Vehicle weight		Ft	Rr	Total
	Curb	2,800	1,555	4,355
	Body	434	1,116	1,550
	Cargo1	1,415	725	2,140
	Cargo2	877	1,263	2,140
	Cargo3	430	2,630	3,060
	Cargo4	-275	2,415	2,140
	Pay load	2,447	7,033	9,480
	Driver & Assist	140	0	140
	Gross Vehicle Weight	5,822	9,703	15,525
	Axle alloance	6,300	9,200	15,500
	Axle Capacity	92.4%	105.5%	
	Tire allowance	6,200	11,140	
	Tire Capacity	93.9%	87.1%	
	Weight rate	37.5%	62.5%	

Length	Total length	7,710
	Cab back space	150
	Rr Over hung	1,390
	ROH/WB	28%

8パレット搭載仕様車主要緒元検討結果

第４章

ボディ搭載

1　搭載工事

車両には走行に伴ってサスペンションやキャブなど可動する部分や、エンジンや排気系など熱を発生する装置があり、また路面から上下方向や捻じれ方向の力が加わります。

ボディの搭載に際してはこれらの影響を受けないような適切な間隔をあけることや、架装物の偏荷重などによるシャシフレームの強度への影響の防止、適切な締結を行う必要があります。

一般にこれらの情報は、シャシメーカーが自社の車両に対する「不適切な架装・工事による車両性能・強度等への影響の防止」と「適正架装による最適車両性能の発揮」を目的として、ボディの架装検討や工事に必要な情報および禁止事項や注意事項を纏めています。これらは各社により呼び名は異なりますが『架装技術マニュアル』（架装資料）、『Body Builders Guide』『Body Building Information』といったような名称の資料として開示されています。ただしこの公開レベルは各社により差があり、Web

サイトで誰でも見られる会社から、登録制でかつ自社の行う研修を受けたものに限定している会社などいろいろで、欧州系は全般に厳しいようです。

詳細は架装を計画しているシャシの同資料で確認する必要がありますが、ここでは検討に必要な基礎的な内容について簡単に説明します。

1)シャシ可動部の間隔

全ての装置がフレームに完全固定されているわけではなく、キャブ、エンジンおよびエンジンと連結された駆動系、アクスル(特にリア)はフレームにゴムマウントやスプリング等を介して止められており、その動きを考慮する必要があります。特にキャブとリアアクスルについてはボディの床面地上高や室内高の決定にも関わってきます。

キャブは乗り心地等のためにゴムや空気バネで浮かせていますので、アイドリングや走行中にある範囲を動きます。このためボディの前端はキャブの可動範囲よりも後ろにする必要があります。

アクスルはスプリングによってフレームに支えられています。積荷の重さや道路(路面)状況、車速により上下方向に動き、それに伴ってタイヤとボディの床との間隔も変動することになり、タイヤとボディが当らないように適当な隙間を空けておく必要があります。

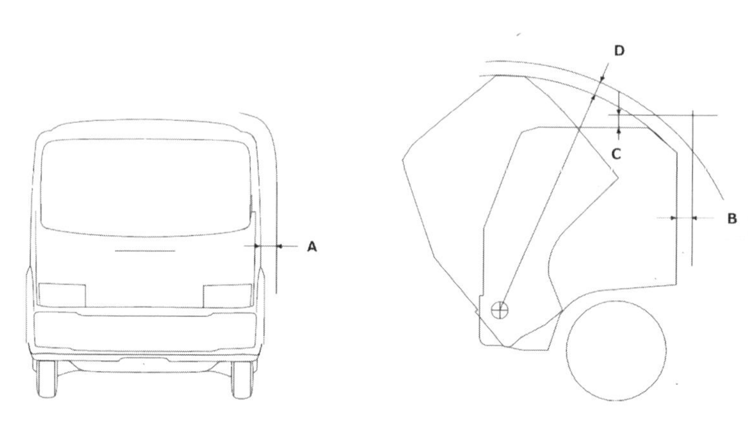

キャブの可動範囲
(いすゞ自動車株式会社架装資料より)

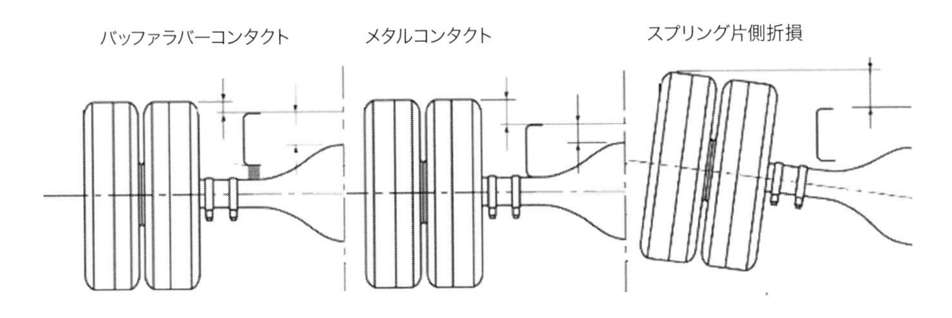

リアアクスル〜フレーム間の隙間の考え方の例
（いすゞ自動車株式会社架装資料より）

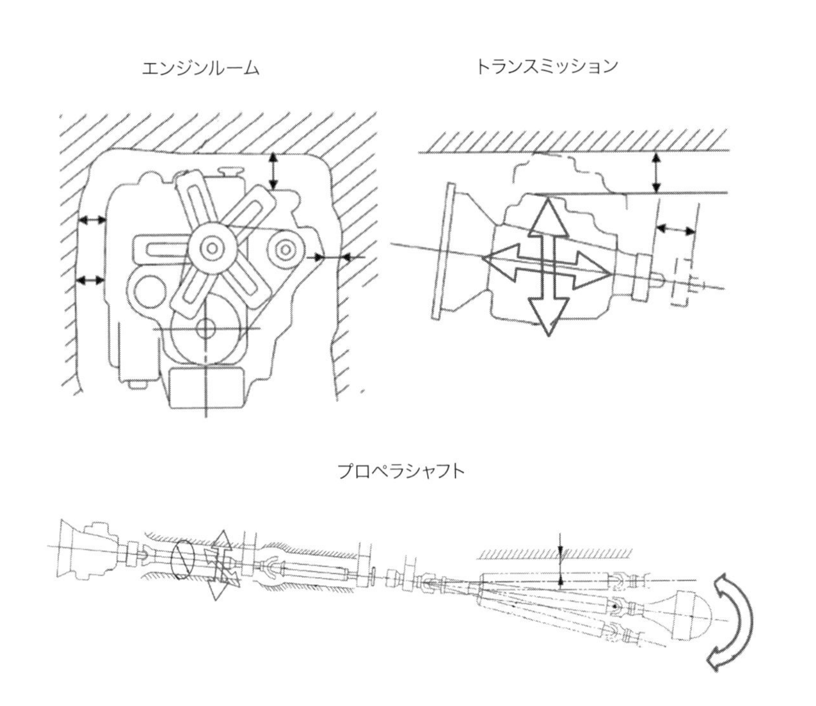

駆動部品の可動幅と確保隙間の考え方の例
（いすゞ自動車株式会社架装資料より）

日本では架装メーカーは使用環境を熟知しており、経験を加えた独自の基準で隙間の値を決定していますが、基本的な考え方としてスプリングの最大荷重時のストロークから空車（ボディ架装後）時のスプリングたわみを引いた値や、スプリングが折損しアクスルがフレームと当たった時の値などを使用しています。

エンジンを始めとする駆動系もシャシフレームにゴムマウントを介して止められており、ある範囲で動き（振れ）ます。これらはボディ本体の搭載に影響することはほとんどありませんが、ボディ関連の配管やコントロール系の配索には、エンジンを含む駆動系の振れ幅と隙間について考慮しておく必要があります。

2）熱影響

木材やゴムなど可燃性のものやオイルタンク等は、排気管、サイレンサー等の熱源から適当な間隔を確保するか遮熱板を設置する必要があります。一般に排気ガス規制が厳しくなるにつれ、排気装置にはディーゼル微粒子捕集フィルター(Diesel Particulate Filter)や尿素SCRシステムなど熱源が増え、対応が複雑になってきています。また石油ローリーなど危険物（可燃物）搭載（運搬）車両では、万一の漏出時でもシャシの高温部に内容物が飛散しないように、排出口の位置や飛散防止カバーなど特別な対応が必要な場合があります。

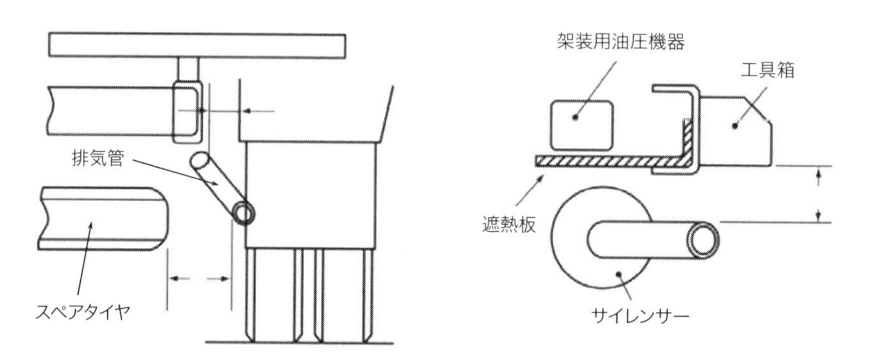

排気熱影響の確保隙間の考え方の例
（いすゞ自動車株式会社架装資料より）

3)工事の禁止事項

ボディの搭載工事にあたり、シャシフレームに対しても何らかの加工、工事を行う必要が発生します。フレームは車両の重量構造を支える文字とおり“背骨・屋台骨”であり、工事にあたりその強度や構造剛性等に影響が出ないように配慮する必要があり、概ね以下のような禁止事項、推奨工事方法等を各社とも示しています。各社により禁止範囲の数値に多少の差はありますが、考え方の基本になっているのは“断面係数の切り欠き等による急変”の排除で、内容に大きな差はないといって差し支えありません。

①フレームへの穴あけ

フレームフランジ面への穴あけは厳禁しています。一般にフランジ面に穴があくと著しく強度は低下し、(荷重がかかる部位であれば)まず間違いなくフレームは穴付近から破断します。この考え方に関連してウェブ面に対する穴あけも許可範囲が定められています。

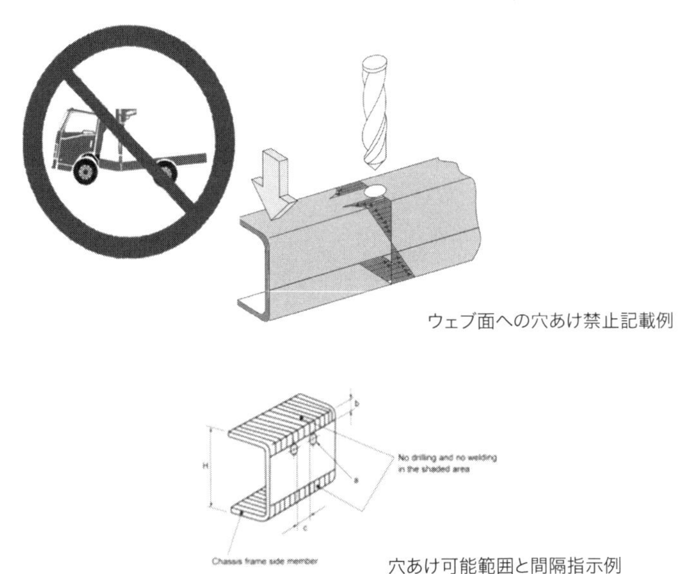

ウェブ面への穴あけ禁止記載例

穴あけ可能範囲と間隔指示例

フレーム工事禁止事項説明例（フレームの穴あけ）
（上：海外メーカー複数社架装資料より模写、下：いすゞ自動車株式会社架装資料より）

②フレームへの溶接

ボディの搭載固定具の対抗ブラケットや締結プレートなどフレームサイドへの架装物の取り付けでは、フレームへ溶接することを各社とも禁止しています。これは溶接に伴う材料の部分的高温化による強度影響の防止で、使用時はボルト締めの必要があります。

③その他構造部材への禁止事項

その他フレームガセットなど主要強度部材への穴あけや切り欠きなどの加工工事も禁止しています。大型の後二軸車のサスペンション周りは、ガセットやスティフナーが比較的複雑な形状をしている場合が多く、U-ボルト使用に苦労する場合があります。

④締結具使用禁止範囲

クロスメンバーやそれに準ずるような部材から概ね100mm程度の範囲では、締結具の使用は禁止されています。

4)サブフレームと締結

シャシフレームは、高張力鋼と呼ばれる高強度の鋼材をコ型に折り曲げたサイドレールをクロスメンバーで締結した梯子型を基本に、高強度を必要とする部位にガセットやスティフナーと呼ぶ補強材が追加された構成で、諸元をフレームの高さ、厚さ、組み幅で示すことが一般的です。このサイドレールとクロスメンバーの固定には大きく2つの方法があり、固定する位置によりフランジ締結、ウェブ締結などと呼ばれています。

大きく見ると海外、特に欧州メーカーではウェブ締結が主流で、国内ではフランジ締結が主流ですが、徐々にウェブ締結が増えつつあります。

方式の違いによる車両性能や特徴差については割愛しますが、架装視点で見ると、それぞれの方式によりサブフレームへの(期待する)働き・役割と、それに合わせた締結の考え方に差があるようです。

架装物(荷台)はシャシフレームに直接搭載されるのではなく、サブフレームと呼ぶ架装物用のフレーム上に組み立てられ、車両のシャシフレームとU-ボルトやプレートなどで固定されます。まさしくここがシャシと架装物の境界線で、不適切なサブフレーム仕様と

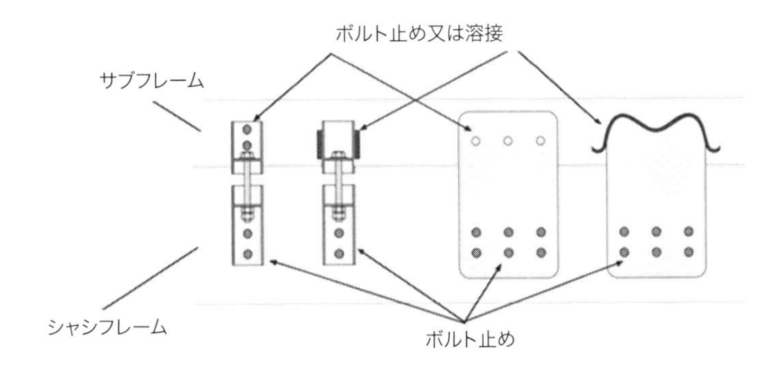

フレーム工事禁止事項説明例（フレームへの溶接）

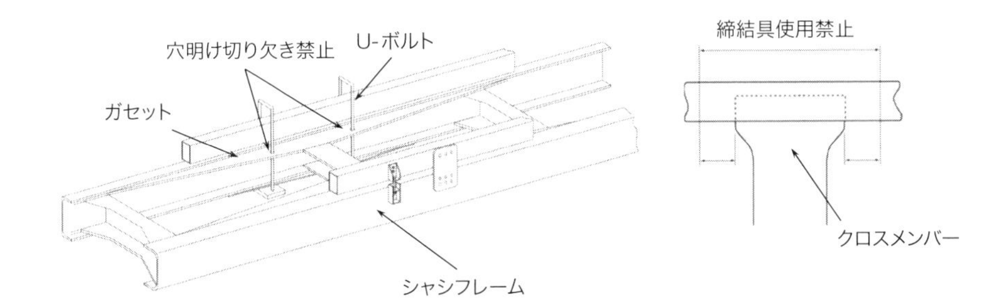

フレーム工事禁止事項説明例（その他）

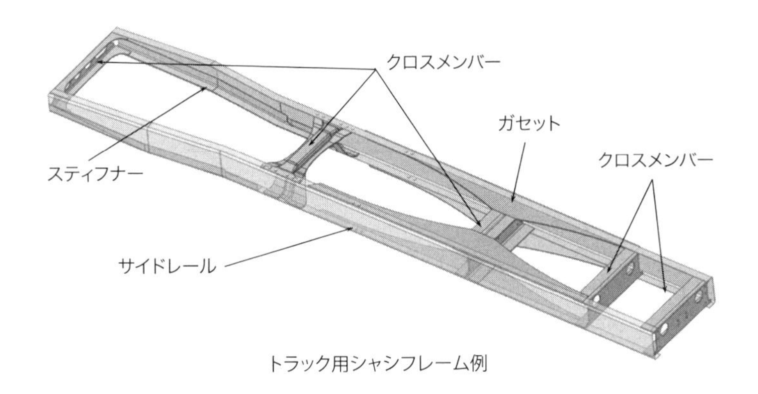

トラック用シャシフレーム例

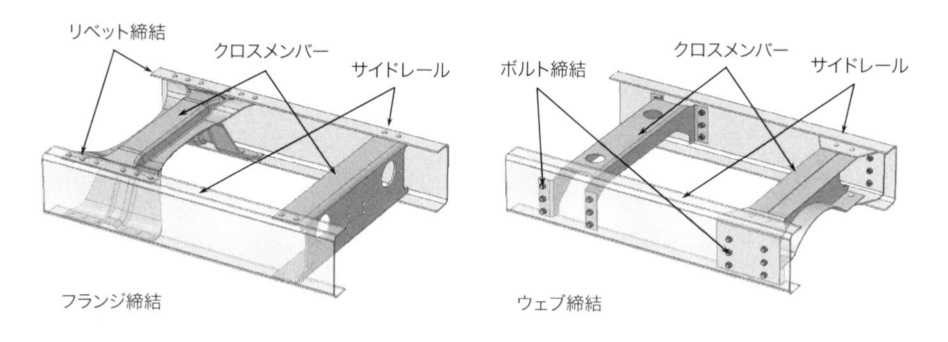

シャシフレームクロスメンバー締結方法の例

締結工事はシャシだけでなく架装物の耐久性や乗り心地などの性能に影響を与えるため、各シャシメーカーは架装実施者に向けて推奨する仕様や方法などの紹介にかなりのエネルギーを割いています。また架装メーカーはこれらをもとに架装物の特性や自社の経験、実績を加えて仕様を決めています。

①サブフレームの働き

架装物は直接シャシフレームの上に組み立てられるのではなく、架装物を載せるためのボディ枠を造り、その上で組み立てられ、一部の重量の重い特種用途自動車を除き、通常は完成後に車両に搭載します。

ボディ枠は縦根太を設け、その縦根太に直角に横根太を置いた枠組み構造や、縦根太に横根太を取り付け(固定し)た構造で、その上に床を貼ります。シャシに接する(締結される)縦根太をサブフレームと呼び、チャンネル材(コ型)もしくは角型形状の鋼材でつくられており、バンなどの一部ではアルミ製も存在します。

サブフレームは架装物の重量を支える主構造材であり、シャシにとっても架装物と積載物の荷重をフレームに均等に分散させるとともに、2つのフレームが重なることにより(結果的に)生ずる強度負担の働きをする重要な部材です。

国内外を問わずシャシメーカーは架装メーカーに対して、架装され積載の状態でシャ

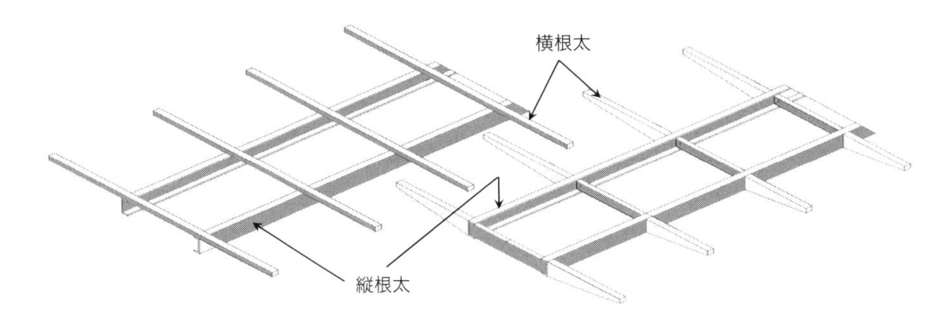

サブフレーム例

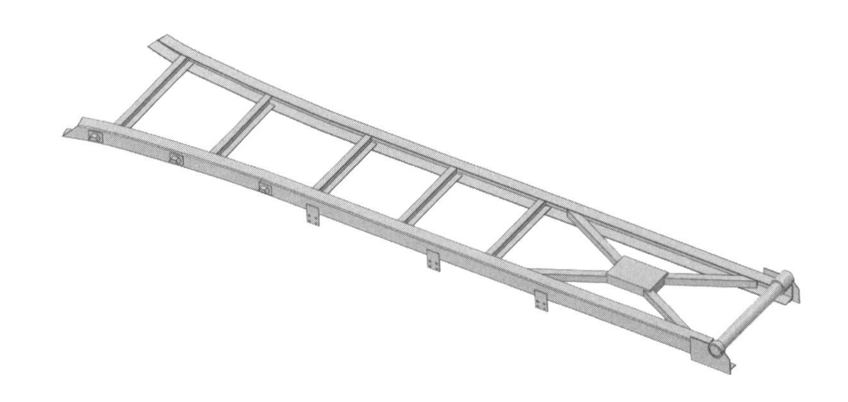

海外メーカー推奨サブフレーム例（SCANIA 資料をもとに作図）

シフレームの曲げもしくは引張応力の上限値（使用推奨値）と、これらを求めるための技術資料としてフレームの構成図や断面係数線図、フレーム材質などの情報を、架装資料などで提供しています。架装メーカーの設計者はこれらの資料と経験を含めた自社の実績等を参考にサブフレームを設定するため、車両としてのフレーム強度はシャシフレームとサブフレームの合体となります。しかし国内ではフレームに関するトラブルはその原因はさておき、まずシャシメーカーがその責を負う場合が多く、主要強度要素に自社が作成した“製品”以外の比率が一定数以上を占める状況を嫌い、サブフレームの働き（期待性能）は架装物と積載物の荷重の均等化だけとして、基本の強度はシャシフレームで負担し、サブフレームはマージン（余裕代）とする考え方があるようです。

一方海外では、シャシメーカーと最終製造者としての責を負う架装メーカーとの関係が根付いているのか、断面二次モーメント値を始め、クロスメンバーの使用や位置の指定を行っているなど架装メーカーに対してもう少し直接的に示しているケースが見られます。

またシャシフレームが前側にテーパー状に曲線的に変化しているような車両では自社のシャシフレーム形状に合わせた純正のサブフレームの提供（販売）を行っているケースもあり、サブフレームの形状や構造も、架装物の台座という基本的な機能というだけでなく、シャシフレームの強度や性能に折り込んでいると言えるかもしれません。

②サブフレーム先端処理

サブフレームはシャシフレームよりも長くなることはなく、多くはキャブバック付近から車両後端までの長さです。このためシャシフレームの上にサブフレームが重なった場所には段差が生じ、強度や乗り心地に影響を与えます。特にキャブバック付近は車型に関わらずフレーム強度上の最弱部となることが多く、各シャシメーカーとも断面の急激な変化や重ね合わせ部の扱い、締結に配慮を求めています。

代表的な内容が、サブフレームの先端位置や端部の処理です。

サブフレーム先端では、シャシフレームと接する部位の応力集中による強度低下を防止するために、端部に微小角度（曲率）を付けることやサブフレーム先端部に切り欠きを入れることで剛性を低下させる必要があります。

またフレーム剛性は乗り心地に影響を与えるため、サブフレームの先端位置（キャブバックからサブフレーム先端までの距離）は重要なポイントになり、強度とは別の視点であまり間隔を空けないように設置する必要があります。欧州メーカーには先端位置をフロントサスペンションの中心まで伸ばすことを推奨（指定）しているものもあり、乗り心地の対応だけでなく、ほぼ全域でシャシフレームと架装物のサブフレームを一体として扱っているようです。

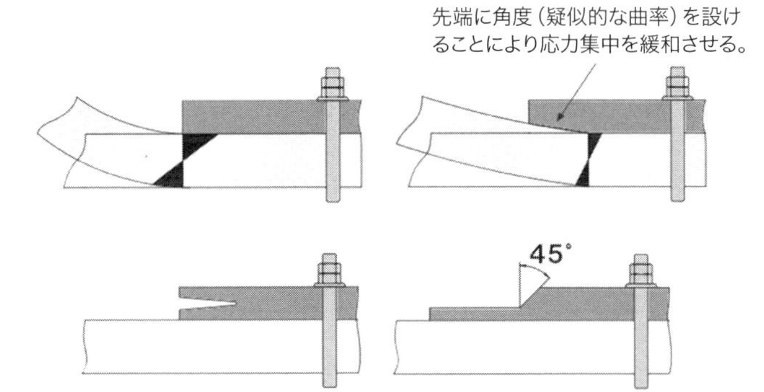

サブフレーム先端処理の考え方と例

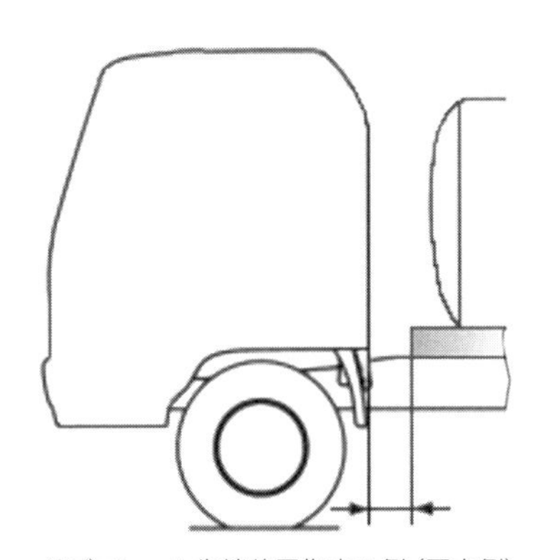

サブフレーム先端位置指定の例（国内例）

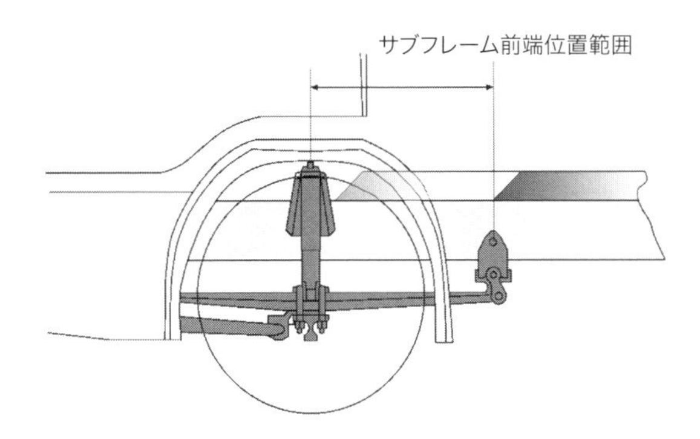

サブフレーム先端位置指定の例（海外例／ SCANIA 架装資料を模写）

③締結方法

架装物を載せたサブフレームとシャシフレームは固定する必要があります。サブフレームもシャシフレームもそれなりに丈夫ですので、両方をガッチリと溶接などで固定すればさらに丈夫になり何も問題なさそうに見えますが、フレームには曲げやねじりの複雑な荷重（入力）がかかり、また乗り心地などにも影響するためさほど単純ではありません。

締結の考え方は、弾性締結（flexible）と剛性締結（rigged）の大きく2つに分けられます。

国内で使用されているシャシフレームはクロスメンバーをフレーム（サイドレール）のフランジ部でリベット固定したフランジ締結が多く、この方法ではフレーム上面にリベットが突出し、リベット逃げとして樹脂性のクッション材や、（リベット部を逃した）木材をサブフレームとの間に挟み、その上にサブフレームを搭載する方法が一般的です。フランジ締結では完全剛体として両者を固定することはできないため、多くの場合、U-ボルトによる弾性締結の利用が推奨されています。まれに装置レイアウト等の関係でU-ボルトが入らない場所での代用として対向ブラケットが使用される場合がありますが、対向ブラケットはプレート方式を含め多くが車両前後方向の動きへのすべり止めとしての補助的な固定具としている場合が多いようです。

U-ボルトによる締結時の注意すべきポイントは、最前端（1st U-ボルト）位置と取り付け間隔、取り付け禁止位置などです。取り付けの基本的な考え方としては、フレーム断面係数の急変や過度な応力集中の防止策として、補強ガセットやクロスメンバー位置から一定の距離をあけることや、締め上げ時のフレーム変形防止のためつぶれ止めを入れるなどです。

一方前述したように、海外メーカーではフレームの多くはクロスメンバーをフレームのウェブ面で固定したウェブ締結のため、フランジ面にリベットの突出がない形式が一般的で、クッション材を使用することなくサブフレームはシャシフレームの上に直接搭載されます。また多くの海外シャシメーカーはシャシフレームと架装物のサブフレームを一体の構造物とみなしているため、剛性締結を基本としています。特に欧州メーカーでは、架装物のねじり剛性の種類と走行する路面（道路）との組み合わせにより、固定する位置別に弾性締結とするか、剛性締結とするかを指定している場合が多く、中にはU-ボル

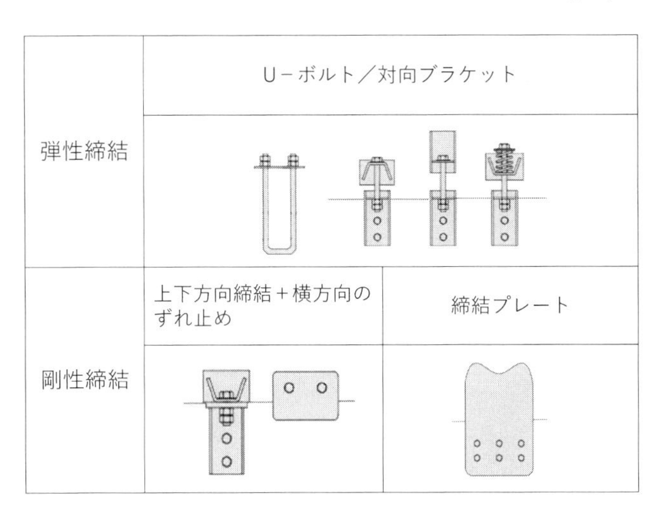

弾性締結	U－ボルト／対向ブラケット	
剛性締結	上下方向締結＋横方向のずれ止め	締結プレート

締結の分類と方法例

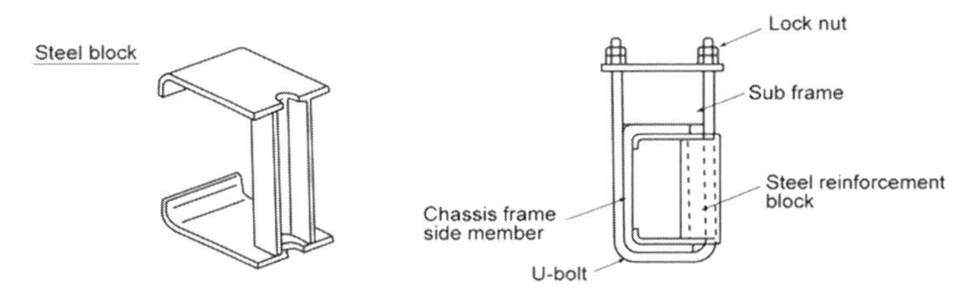

U- ボルト潰れ止めと使用例
（いすゞ自動車株式会社架装資料より）

<table>
<tr><th colspan="2"></th><th>前方</th><th>中間・後方</th><th>後方</th></tr>
<tr><td rowspan="6">ボディ形状</td><td>ダンプ</td><td rowspan="3">弾性</td><td rowspan="3">剛性</td><td rowspan="3">剛性</td></tr>
<tr><td>平ボディ</td></tr>
<tr><td>ミキサー</td></tr>
<tr><td>コンクリートポンプ</td><td rowspan="2">弾性</td><td rowspan="2">剛性</td><td rowspan="2">弾性</td></tr>
<tr><td>バン型</td></tr>
<tr><td>タンクローリー</td><td>弾性
（ラバーマウント）</td><td>弾性
（ラバーマウント）</td><td>弾性
（ラバーマウント）</td></tr>
</table>

欧州メーカーの締結方法推奨例（数社の資料より趣旨を抜粋し作表）

トの使用を禁止しているシャシメーカーもあります。

対向ブラケットや締結プレートを使用する場合は、前述したようにシャシフレームとはボルトで固定する必要があります。つまりフレームに取り付け用の穴をあけるということなのですが、フレームに使用している高張力鋼は非常に固くハンドドリルなどでは加工できず、アトラーと呼ばれる電磁石でフレームを固定して使用する大型ドリルでもかなりの時間を要する作業のため、架装メーカーが個別に締結具用の穴あけ工事を行うことは現実的ではなく、予め推奨締結位置付近に取り付け用の穴を準備することが効率的です。対抗ブラケットや締結プレートの使用が一般的な欧州では、VDA(ドイツ自動車工業会)の推奨基準として、フレーム上面から60mm程度の位置にM14ボルト用の締結穴がフレーム全域にわたり50mmピッチで、加えて必要に応じ一列目から50mmの位置にも同ピッチで締結穴が設定されているようです。実際にはメーカー、車種により1列目と2列目の間隔は50〜65mmと多少の差異はあるようですが、いずれにしても締結穴はシャシメーカー側で準備されているようです。

これらの方法では結果的にシャシメーカーがサブフレームの固定位置と固定方法を架装メーカーに対して指定していることになりますが、架装メーカーにとっては締結の設計検討の負担減として歓迎されているようです。これらの流れを受けて日本のシャシメーカーが後発の国・地域ではリベット逃げにスチールを使用して、ほぼ欧州メーカーの指定した方法で締結を行っているケースも見られます。

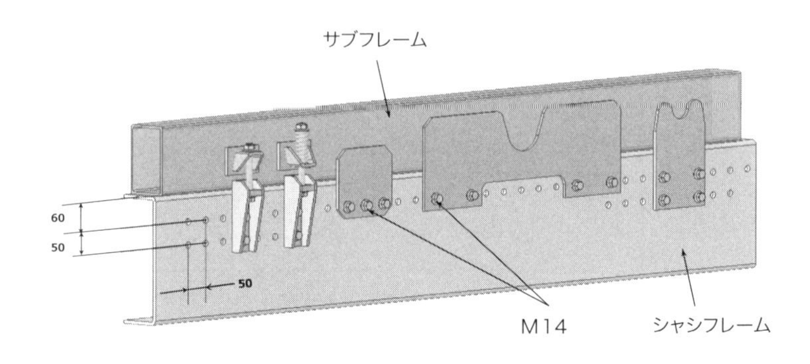

シャシフレーム締結穴と締結具の例

2　改造工事(ホイールベース延短長)

シャシメーカーは各社ともフレームの改造工事は基本的に禁止していますが、現実問題としてホイールベースの延短長は色々な場面で行われているのも事実です。

ほとんどの国内メーカーでは、延短長関係の工事に関する技術資料は架装資料やBBG(架装要領書)に記載がありますが、これは特殊な荷台に合わせたリアオーバーハングの延長や、クレーンなど部分的にフレーム荷重が増す架装物の補強用途が目的です。そのため、資料から改造に必要な情報を読み取ることは可能ですが、ホイールベース改造に必要なプロペラ関係の改造や検討に関する資料は公開していません。他方、欧州メーカーは事前にメーカーの教育や承認を受けた架装メーカーに対して、ホイールベース延短長を認めている会社も多く、それらではカット方法、補強方法、プロペラの選定等についての資料を公開していますが、ほぼ全てのメーカーが「メーカーに届けて承認を受ける」ことを前提としています。

このように本来ホイールベース改造はこれらの技術的な内容を検討できる架装メーカーだけが実施できる項目なのですが、シャシメーカー(もしくはメーカー直系の改造工事会社)が検討を行い工事実施したものから、現地の架装メーカーや町工場がたいした検討もなく改造工事を行ったものまで、千差万別です。

架装のはなしからは少々はずれ、改造のはなしとも言うべき範疇になりますが、現実問題として改造が行われていることもあり、どのように改造されているか、課題は何かといった視点で少し説明をしたいと思います。

1)フレーム改造方法

ホイールベース改造の方法には、ホイールベース間の切断とリアアクスル移動の大きく2つの方法が見られます。

①ホイールベース間切断

文字通りホイールベース間でフレームを切断し、間に同じ材質の延長材を挿入して溶接し、表面をサンダーなどで平滑に処理します。状況により、外または内側に補強

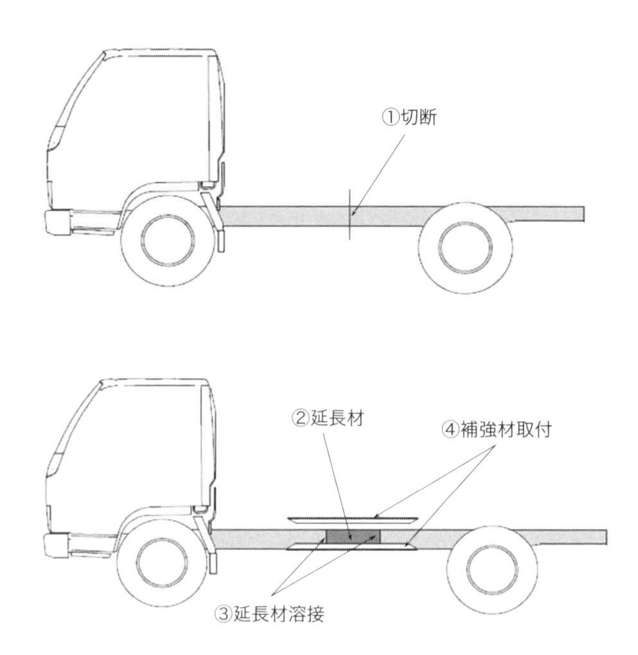

ホイールベース延短長工事例（ホイールベース間切断）

材を取り付けますが、小型トラック（総重量の少ない車両）では補強材を使用しないケースも散見されます。

ちなみに日本では、乗用車のホイールベースを延長したリムジン型の改造不良をきっかけに、2011年7月から改造自動車登録時にフレーム寸法（長さ）と工法、実施工事者等の審査が厳しくなりましたが、国内の改造自動車の主流はトラックであり、技術力の高い工事者が行った改造は痕跡すら残らず、強度的にも遜色はありません。

②リアアクスル移動方法

フレームリアオーバーハング部に延長材を追加・溶接、通常はフレーム内側に補強を行い、スプリングブラケットやリアアクスルを新たな位置に取り付け、元の取り付け穴を埋め戻します。

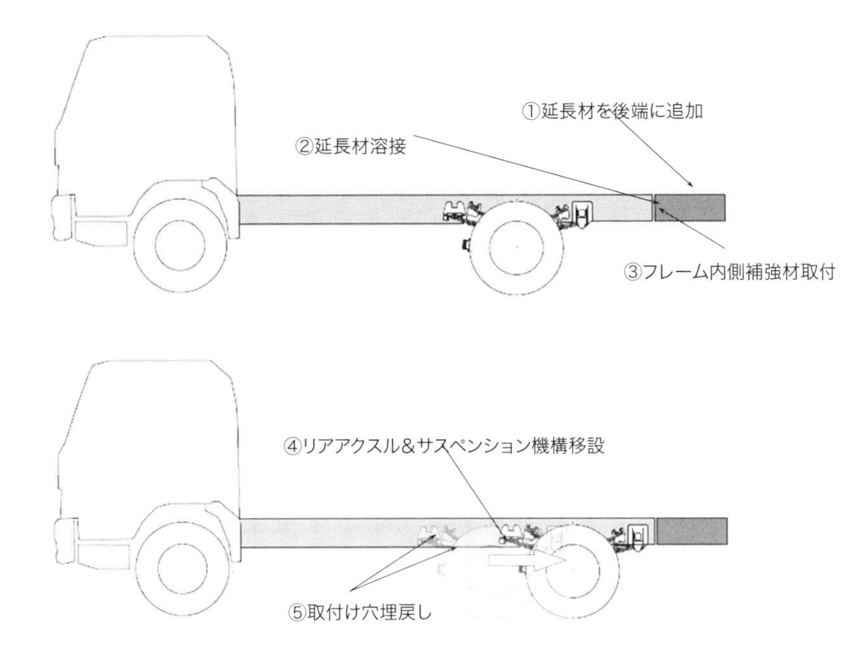

ホイールベース延短長工事例（リアアクスル移動）

ホイールベース間を切断する工法に比べ、フレーム穴の埋め戻しなど工数が掛かるため、日本ではあまり行われない方法ですが、海外では一般的な方法です。

2)プロペラレイアウト

ホイールベース変更に伴って、プロペラ（多くの場合レイアウト成立のためのセンターベアリングブラケット位置も）、ブレーキなどの配管、電線（ハーネス）などの長さの変更が必要になります。

特にプロペラは毎分2000回転を超える速さで回転することもあり、取り扱いを間違えると事故に至る可能性もあります。技術的な詳細は省きますが、概ね以下のような要件があります。

・プロペラ本体の回転バランスは必須
・危険回転という要件があり、一本の長さをあまり長くできない
・プロペラ間の交角には上限がある（なるべく真っ直ぐに）
・ユニバーサルジョイント間の交角差は同一に

これらのうち回転バランスは主に改造工事の品質レベルの問題です。

一般的にプロペラの改造は元プロペラのユニバーサルジョイントを残し、新たにチューブ部分を製作して溶接、バランス取り（バランスウェイトの溶接）が行われているようですが、新興国では単純に真ん中から切断し、継ぎ足すと言うような乱暴な方法も見られるようです。

他の3項目はレイアウト検討の技術力そのものです。参考に実例を示しますが、プロペラは各ホイールベースで水平、垂直方向ともこれらの要件を満足するように（特に垂直方向では定積状態を中心として一般に使われる荷重範囲で満足するように）検討、レイアウトされています。

一般的にプロペラの危険回転はホイールベース延長側で不利、交角は短縮側で不利な方向になります。プロペラレイアウトはピンポイントで成立しているわけではないので、ある程度の延短長が行われても即危険と言うわけではありませんが、海外では特に技術的な検討がされることもなく、（他車を含めた）経験値で作られているケースも多く見受けられます。

先に述べたようにシャシホイールベースとボディ長には密接なルールがありますので、バスボディなど特殊なものを除けば、目的とするホイールベースは車型展開の中に存在していることがほとんどで、これ以外のホイールベースの要求（改造実施）があるときは搭載検討に間違いがある可能性も考えられます。

「顧客（架装メーカー）要望」、「車型展開がない」として比較的安易にホイールベースの改造を対応手段の候補にする場合がありますが、一度作った物を壊して作り直したものが、はじめから作った物よりも安価で良品となる道理はありません。改めてそのホイールベースの必要性の検討や状況によっては展開の見直しを行ったり、またビジネス規模から展開ホイールベースを絞りそれ以外は「やむをえず」改造対応としている場合

には、車型シリーズとして手持ちのホイールベースレイアウトの中から近いものを選択し、プロペラをはじめ純正の部品を使用した改造を行うことが基本です。

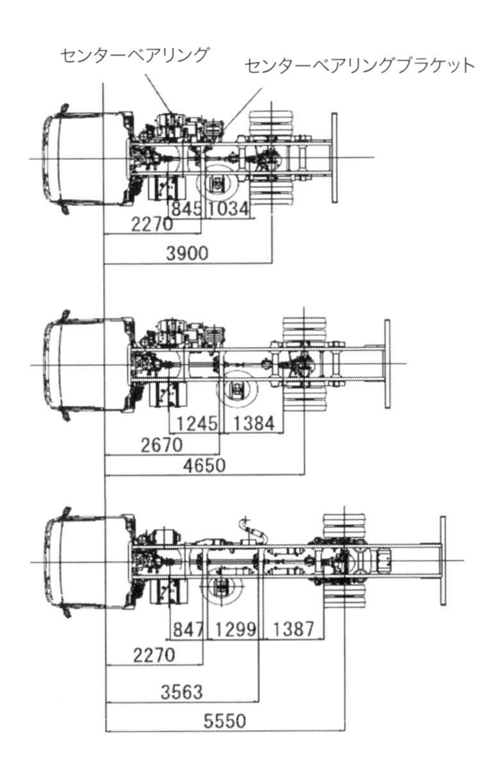

WB（ホイールベース）に応じてプロペラの長さの組合せが異なり、それに伴ってベアリングとそれを支えるブラケットの位置も異なってくる。
プロペラは一本で使える長さに限界があり、長いWBでは3本使用している。

※図中のプロペラの長さの数値は投影値で実際の長さとは異なる。

中型車のプロペラレイアウト例

第５章

架装物への動力供給

架装物の中には温度管理車など積荷品質の維持の目的や、ダンプや塵芥車のような荷役作業の効率化のため、消防車やコンクリートポンプ車のように架装物そのものが行う仕事のために動力の供給を要求しているものがあります。架装物が作業をすることで仕事を行うグループの中には走行に必要な動力を上回る動力を要求されているものもあり、これらの要求に対応するためにエンジンから動力を取り出し供給する方法として、エンジンのプーリーからベルトで直接駆動させる方法とPTOによるものの2つがあります。

1　エンジン直接駆動

現在のトラックは人間の力だけで制御・操作している装置はほとんどありません。ブレーキ、ハンドル、クラッチ、トランスミッションの操作は、車種にもよりますが、真空圧（バキューム）、圧縮空気、油圧などの動力により倍力されています。また電気で動く前照灯や方向指示器、冷媒を圧縮させて働くエアコンなどは、真空圧や空気、油圧ポンプ

目的	主な架装物（車両）	使用目的	供給方法	供給馬力
積荷品質	温度管理車	冷凍機駆動 ACG（冷凍機電動ファン）	エンジン直接 (ベルト駆動)	2～5PS
	ミキサー	セメント錬成	PTO	10～50PS
荷役	ダンプ	荷台昇降		
	塵芥	取込・圧縮・排出		
	ミキサー	排出		
	キャブバッククレーン	吊上げ・旋回		
	脱着コンテナ	コンテナ搭載・降ろし		
	タンクローリー	排出		
作業	高所作業車	バケット昇降・回転		～300PS
	消防車	放水/はしご伸縮		
	コンクリートポンプ	生コン圧送		
	強力吸引車	汚泥吸引		

架装物への動力供給の種類と目的

や発電機からの動力により作動しています。そしてこれらの動力はすべてエンジンによって生み出されています。そのため、これらを生み出す油圧ポンプや発電機などは「エンジン補機」などと呼ばれています。

同じように架装物（荷物）にもエンジンからの動力により仕事をしているものがあります。その代表的なものは冷凍コンプレッサとジェネレーター（発電機）です。

1）冷凍コンプレッサ

型式と条件によりますが、最も車両負荷の大きいプランジャー型では概ねコンプレッサは回転2000rpmで3～5PS、最大で8PS程度の仕事をしています。仮に5PSとすると、トルクは2kgmほどですが、コンプレッサは一回転で吸込みと吐出を複数のプランジャで行うので軸トルクは一定ではなく、回転数とプランジャ数に応じた繰り返し荷重が発生しており、また立ち上がり時には大きな力を受けるなど、取り付けにはある程度強度が必要になります。一般にはシャシメーカー側でこれらの条件を考慮して設計作製された専用の取り付け用の架台を設定し、エンジンブロックに取り付け、その架台に冷凍コンプレッサを固定しています。駆動はクランクからプーリーベルトで行いますが、他のベルト類に比べると高い駆動力が必要なことや、交換寿命も他に比べ短くなることが多いため専用駆動が好ましく、エンジン側のクランクプーリーも標準よりも一段多くしています。

また冷凍コンプレッサから2本の配管をそれぞれボディ前面に配置されたエバポレータやコンデンサまで配索する必要があるのですが、エンジン側面もしくは上面を通ることになり、配索のための熱環境を考慮した物理的空間や、配管の固定位置については不適切な配索や固定によるエンジン本体のへの二次不具合防止の意味でも検討、提示されている必要があります。

2)ジェネレーター(ACG)

架装側で常時電気に依存している機器、装置類は多くはありませんが、冷凍車など「空調」を行う架装物では大きな電力を要求されます。

冷凍機はエバポレータから冷気を電動ファンで吹き出します。このため一般的に約70～80Wのファンを小型で2台、中型で3台、大型では4台以上を使用しています。駆動のための必要電力は(ファン出力×個数／電圧仕様)となり、これに加えて冷凍コンプレッサーの駆動電磁クラッチ保持のために40～50W程度の電力が必要になり、小型24V仕様の例で計算すると10A程度が新たに必要ということになります。

あまり大きな値に見えないかもしれませんが、一般にジェネレーター(ACG)の性能値はその回転に依存していますので、巡航速度時のエンジン回転時の発電量は仕様数値の値よりも低い場合も多く、これらを考慮した容量の大きなACGが必要になります。特に近年は燃費対応のためエンジンは低回転化しており、プーリー比の変更や低回転域での発電量を向上させたACGの対応等も必要になってきています。

2　PTO／ 種類と特徴

PTOとはパワーテイクオフの略称で「動力取り出し装置」と呼ばれています。架装物を駆動させる動力源で、基本的にはエンジン軸の回転を歯車機構で取り出す構造で

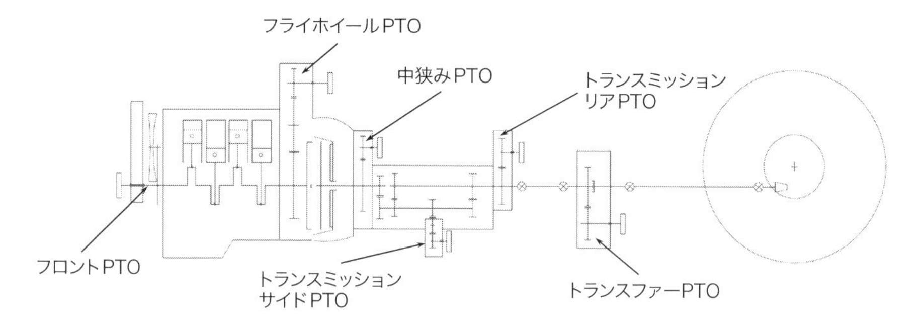

PTO の種類と取り出し位置

すが、取り出し位置により数種類の方法があり、取り出し可能な出力、回転速比などに差があります。

一般にギアボックスの許容トルクは軸間距離が大きく、歯幅が大きい方が大きく取れることから、大出力を取り出すPTOはトランスミッションの前後にフライホイールPTO、中狭みPTO、トランスミッションリアPTO等の専用取り出し装置が作製されていました。しかし近年のエンジンの高出力化に伴う大許容トルクトランスミッションの展開により、かつては中狭みPTOで取り出していた値を超える出力のサイドPTOも展開されるようになり、レイアウトが可能ならばサイドPTOで成立する架装物も増えており、むしろ各型式の特徴は出力よりも出力軸の位置そのものにあると言っても良い状況になっています。

1)フロントPTO

エンジンのクランク軸から直接取り出す方式です。日本ではボンネット時代のミキサー車に使用されていました。現在は冷却ファンの径や位置、キャブオーバー化に伴いラジエターと出力軸の位置関係からラジエターを貫通させる必要があること、取り出し軸との干渉を避けるためレイアウトによってはファン径を小さくする必要があること、およびフライホイールPTOの展開に伴い日本では使用されていません。しかし、海外、特に米国系のボンネット車では後述するフライホイールPTOのレイアウトが厳しく、ラジエター回りのレイアウト上の問題が少なく、後付けの場合もクランクダンパーへのアダプターのボルト

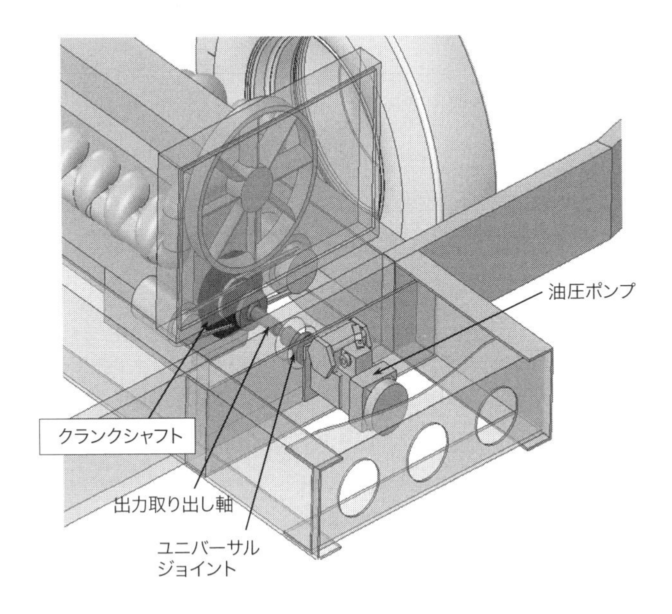

フロント PTO 構造例

付けで済むなど比較的容易なため現在も使用されています。ちなみに船舶用では(自動車のような)水冷式のラジエターがないことやエンジン搭載レイアウトの特性などから、フロントから取り出して断接のクラッチを追加した機構が一般的なようです。

2)フライホイールPTO

クランク軸のフライホイール手前から回転を取り出します。回転取り出しのON-OFF機構はなく、エンジン作動中は常に回転しており、走行中も動力を取り出せることが大きな特徴です。標準のエンジンに対して取り出し用のギア機構やフライホイールハウジングなどの専用部品が必要で、容易に後付けはできないため工場生産時に組み込むのが一般的ですが、海外のサードパーティ製も存在しています。

代表架装はミキサーですが、その他走行中も作業動力を必要とする(動力)散水車や散布車、除雪車等でも使用されます。

また出力取り出し口に電磁式や湿式多板等のクラッチを設け、回転取り出しのON-

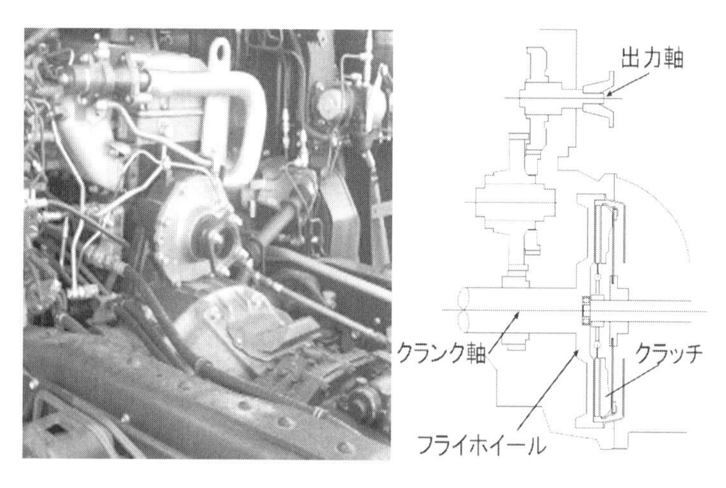

フライホイール PTO の位置と構造例

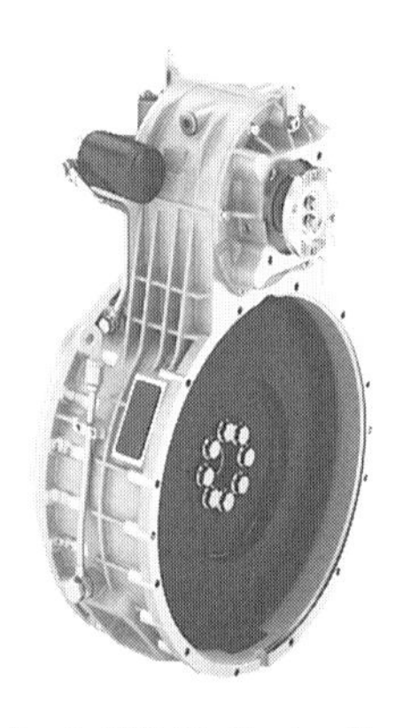

大出力型フフイホール PTO 例（Engine Flywheel PTO SAE1）
（イタリア・Interpump Hydraulics Spa 社カタログより）

OFFを可能にすることにより、複数の動力源を必要とする車両や、一部のハイブリッド車のようにサイドPTOがすでに別の目的に使用されている車両のほか、取り出し位置がフレーム上面で架装物レイアウトがしやすいという特徴を生かし消防車等で使用されています。

国内仕様では大型でも取り出し出力60kgm程度までが一般的ですが、海外メーカー

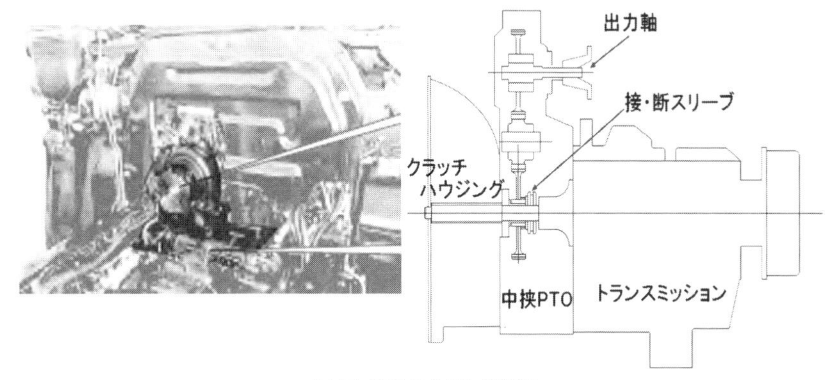

中挟み PTO の位置と構造例

製には200kgmを超えるものも存在し、大出力を必要とする高出力消防車や大きな油圧ポンプを搭載するコンクリートポンプなど作業系の架装物向けに使用されています。

3)中挟みPTO

トランスミッションのトップギアシャフトを延長し、出力取り出しのギアとON-OFF機構を組み込みます。別の名称はフルパワーPTOもしくはフルパワーI型ですが、装置・機構がクラッチとトランスミッションの間に位置することから国内では「中挟み式」と称されています。海外では出力軸の位置からTop Mount typeとも呼ばれています。

取り出し位置はクラッチの後ろ側で、ON-OFF部にはトランスミッションのようなシンクロ機構がありませんので、トップギアシャフトの回転が0で、ミッションのギアはニュートラル、クラッチ断の状態でなければON-OFFが行えないため、走行中の使用には不適で、停止時の使用が原則です。大容量の出力取り出しが可能で、主に消防車に使用されており、特に国内では大出力での連続使用ができるように消防用の水を分流させた水冷機構を有しているものが一般的です。

比較的大掛かりな機構が必要な割に、中挟みPTOが必要な架装物(車両)の需要はさほど多くはないので、各社とも全型式に展開とまではいかず、大型中型小型の各クラスで消防車展開のある型式に準備され、ライン取り付けではなく、ラインオフ後、関連会社で取り付けに伴うプロペラ長さの変更等を含めて、取り付け改造工事が行われます。

4)トランスミッションサイドPTO

最も多く使用されているPTOで、トラックでPTOといえば、トランスミッションサイドPTOを指すことが一般的で、単にPTO、もしくはサイドPTOと呼ばれています。トランスミッションのカウンターギアに後付けのユニットのギアを噛み合わせ、動力を取り出します。このため小型の一部を除き、商業車に使用されるトランスミッションには、ケース横にPTO取り付け用の窓とカバーが設定されています。

クラッチより後方で動力を取り出しますから原則は車両停止時の使用ですが、ダンプや塵芥車の一部で低速(微速)走行中にPTOを作動させているケース[15]も散見されます。また最近ではPTOが接続された状態で走行し、電磁クラッチ等によりON-OFFを

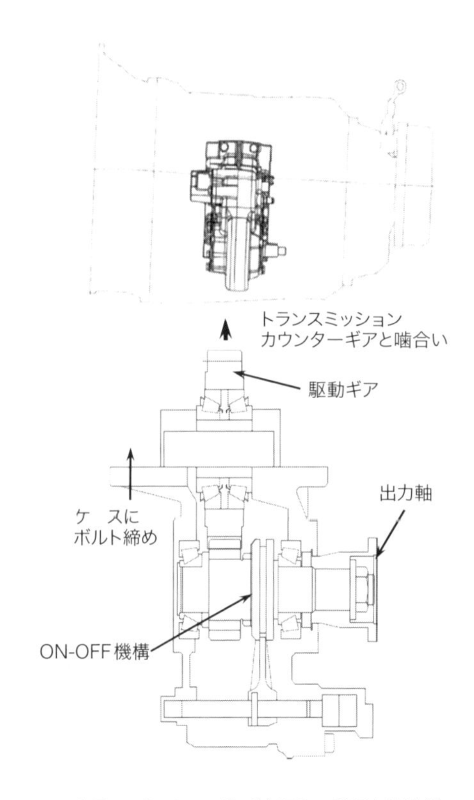

トランスミッションサイドPTOの位置と構造例

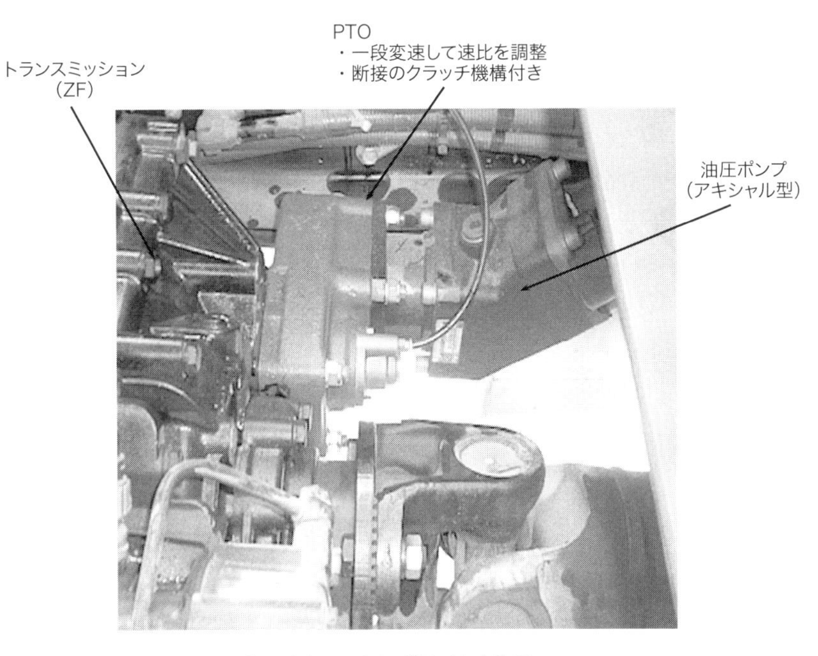

ダイレクトカップリング例（中東某国）

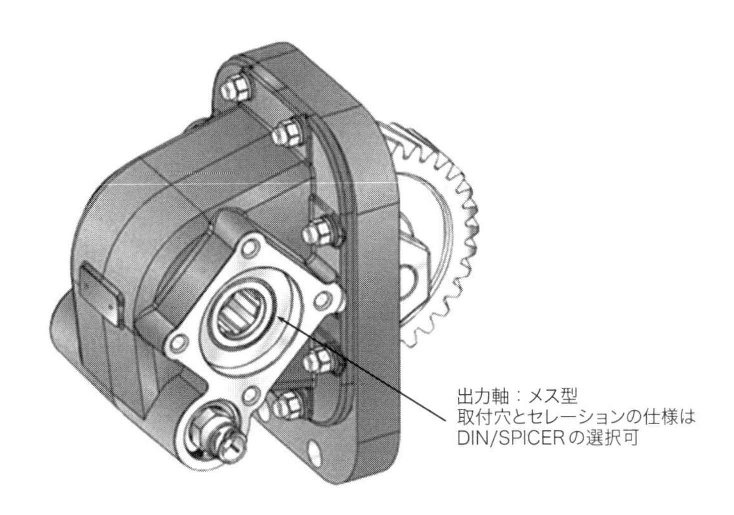

ダイレクトカップリング式サイド PTO の例
（イタリア・Interpump Hydraulics Spa 社　P6082 型）

行うケースも見かけるようになりました。ON-OFF部にはトランスミッションのようなシンクロ機構がありませんので、ギアはニュートラル、クラッチ断の状態でON-OFFを行い、その機構は中大型ではエアシリンダ、小型ではエアソースを持たないので電磁バルブ駆動が一般的で、直接ワイヤで操作する仕様もあります。

従来は基本的にダンプやクレーン、塵芥車などの「架装された物体を稼動させる」程度の出力である20～30kgm以下の小～中容量を、一時的に取り出すことを主な狙いとしていましたが、架装物の大型化や多様化、取り付け対応のしやすさなどから高出力化の要求が進み、各クラスとも3種類程度の出力帯を持つようになり、大型では90kgmを超えるものも展開に加わっています。

ON-OFFの制御機構を除けば、取り付けに特別な改造を必要としないため後付けが容易で、最も汎用的なPTO装置であるため、各シャシメーカーが純正品として準備している他、サードパーティ製も多数存在します。特に海外ではPTOの専業メーカーも多く、米国系のトランスミッションを中心としたCHELSEA社、欧州系を中心としたHYVA社、世界規模で展開しているHydroca社グループなどではケースフランジ形状、ギアプロフィールを各社のミッションに対応した自社PTOを生産販売しており、型式によっては速比、出力軸形状や方向など、純正品を遙かにしのぐ展開をしています。また東南アジアなど日本車が多い地域では現地製の製品もよく見かけ、小～中容量のものは（品質は別にして）思ったよりも入手は容易です。

国内ではPTOの出力軸は、フランジ形状で駆動させるポンプとはプロペラシャフトで連接させる仕様が一般的ですが、海外では「ダイレクトカップリング」や「クローズドカップリング」と呼ばれるプロペラを使用しない型式の仕様が一般的な地域があります。接続の基本的な方式は、PTOの出力軸はメス型のセレーション、駆動させるポンプ軸がオス型のスプライン形状をしており、この2つを締結するためのフランジで構成されています。セレーション（スプライン）や取り付け用のフランジ諸元には、欧州系のDIN規格と米国系のSAE規格の2つがあり、それぞれの規格に合わせた油圧ポンプがメーカーに関係なく取り付け可能ですが、専業メーカーの多くはポンプも準備しており、後付けでは両方をセットでビジネスをしているケースが多いようです。

5)トランスミッションリアPTO

トランスミッションのメインシャフトから出力を取り出す型式を示し、フルパワーII型と称されることもあります。走行のための出力軸と動力取り出し軸との選択分離機構をメインシャフト上に設け、エンジン出力を直接取り出します。トランスミッションのメインシャフトを後方に伸ばし、後端に機構を組み込みます。大出力が可能ですが、そのためにシャフトや本体ケースを始めほとんどが専用のトランスミッションの作製（開発）に近く、市場需要を考えると、専用のトランスファーPTOを作製した方が経済的である場合も多く、またサイドPTOの高出力化もあり、現状では日本で展開されているものはありません。

ドイツのZF社のトランスミッションのPTOは、取り出し位置がトランスミッションの後端であることからリアPTOと称されていますが、取り出しはカウンターシャフトからの直接駆動であり、どちらかというとサイドPTOに類します。

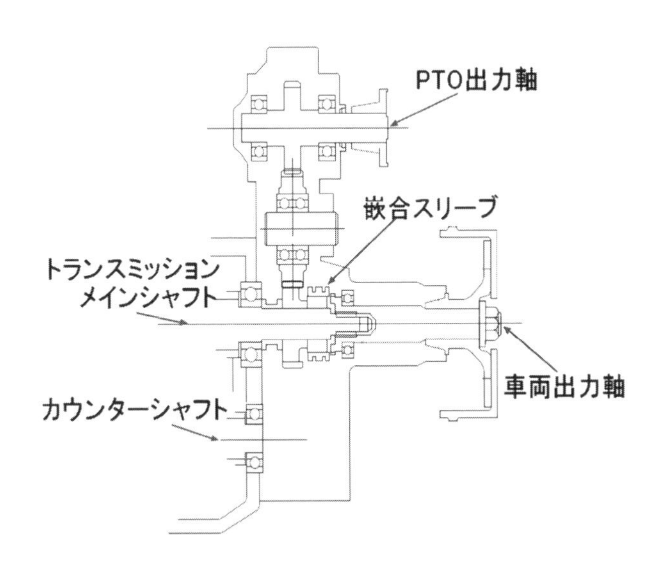

トランスミッションリアPTO構造例

6)トランスファーPTO

トランスミッションとファイナルドライブ(最終減速装置)の間に配置(フレームにマウント)され、両者間はプロペラシャフトで結ばれています。

取り出しのためのギアドライブと、走行と動力取り出しのための選択機構、最終的な動力取り出しのための選択嵌合機構を有しているのが一般的な構成です。シャシメーカー製の総輪駆動車用のトランスファーを流用しているケースも存在しましたが、日本ではほとんどは架装メーカーが自社製品に適合させるべく専用設計した架装メーカー製です。大きな出力の取り出しが可能で、大型のコンクリートポンプ車、吸引洗浄車などで使用されています。

欧州では比較的需要があるようで専業メーカー製が存在しており、動力取り出し用の他にも、油圧ポンプとモーターとの組み合わせで微速走行機能をもたせたものなどが見られ、日本でも作業用に大出力が要求され、かつ走行も低速(微速)を要求される大型の回転ブラシや道路カッターなど道路作業系の車両で使用されています。

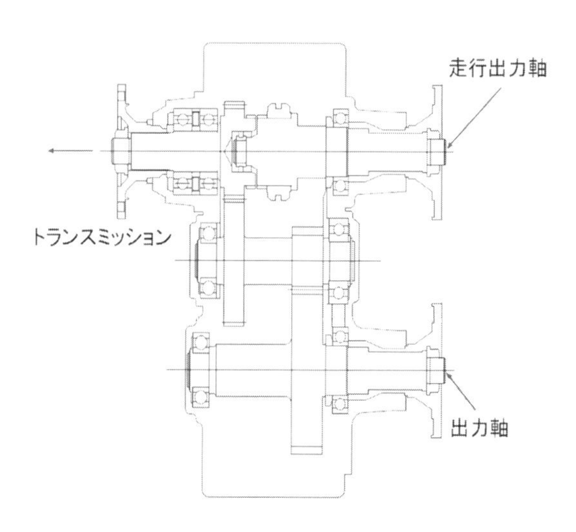

トランスファー PTO 構造例

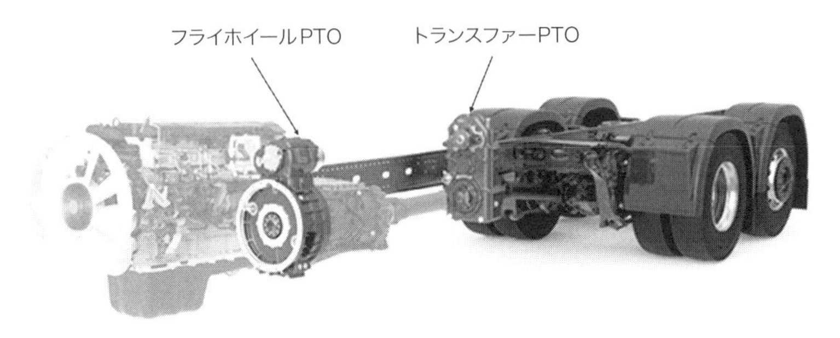

大出力 PTO レイアウト例
（イタリア・Interpump Hydraulics Spa 社カタログより）

コラム　右か左か？（3）『エンジンはどちら回り』

PTOの諸元表には回転方向の記載がありますが、時計回り、反時計回りと具体的な記載の他に「エンジン回転と同じ」「エンジン回転と逆」と記されているケースがよくあります。油圧ポンプには回転方向が決まっているものも多く、具体的に右回転なのか、左回転なのか回答を求められる場合があります。

ではエンジンはどちら回りに回っているのでしょうか？

答えは「回転方向は正面から見て右回転（時計回り）」。これは自動車エンジンでは（ほぼ）世界共通です。右回りの理由は諸説ありますが、まだセルモーターがなかった自動車黎明期、エンジン始動のクランクハンドルを手で回す時に力の入れやすい方向だったから（つまりは右利きが多数派のため？）と言うのが定説のようです。

ちなみにジェットエンジンは今でも右回りと左回りがあるようで、米国のプラットアンドホイットニー社やゼネラルエレクトリック社製は左、イギリスのロール・スロイス社製は右です。

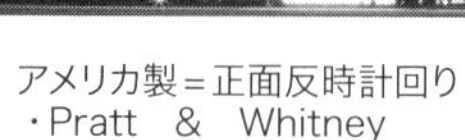

イギリス製＝正面時計回り
Rolls-Royce

ジェットエンジンの回転方向（©pixabayより）

3 PTOの必要出力とコントロール

架装物の必要仕事の設計は架装メーカーで行われ、シャシメーカーにはそれが駆動可能なPTO出力値に関する問い合わせや要求をされることが一般的ですので、展開や装着可否の回答だけでも済んでしまいます。しかしPTOはどれくらいの仕事をしているのか、架装物の仕事をするためにはどれくらいの力が必要なのかと言った基本的な関係の理解は重要です。

PTOが行っている仕事は、ダンプやミキサー車、塵芥車などの架装物を駆動させる場合と、消防車や汚泥吸引車、コンクリートポンプ車など駆動そのものが仕事の場合の2つに大きく分けられます。これらのうち架装物の駆動方法は油圧ポンプが使用される油圧式がほとんどで、直接仕事をさせる場合は油圧ポンプの他に、水、石油などの液体ポンプや空気ポンプが使用されています。

1)架装物の駆動(ギアポンプ)

次頁にシリンダを出力先とする代表的な油圧機構の装置構成図を示します。ダンプがこれに相当します。PTOで駆動されたポンプで発生した油圧は、リリーフバルブや圧力調整弁機構によりある回転以上で圧力が一定に調整され、シリンダの伸縮の切り替えを行う弁を介しシリンダへ導かれます。油圧ポンプには大きく分けて固定容量式と可変容量式の2種類があり、トラックに架装される装置の範囲では固定容量式はギアポンプ、可変容量式はアキシャルピストンポンプが一般的です。

架装物の駆動が目的の場合には、塵芥車の一部で可変容量式のギアポンプが使われていますが、ほとんどは固定容量式のギアポンプが使われています。

油圧の必要駆動力を検討するときに、大きなものや重いものを駆動させる場合には大きな油圧が必要となりますが、実はその大きな重いものをどれだけ早く動かせるかという油圧の力の検討がより重要になります。これは重さ(力)と速度の積ですから、時間当たり仕事量(馬力)となります。ポンプは油圧系の仕事をさせるための“エンジン”と考えるとイメージしやすく、たくさんの仕事をさせるためには大きなエンジン(ポンプ)が必要ということになり、架装側設計者が決めたポンプを駆動する力がPTOに求められるという

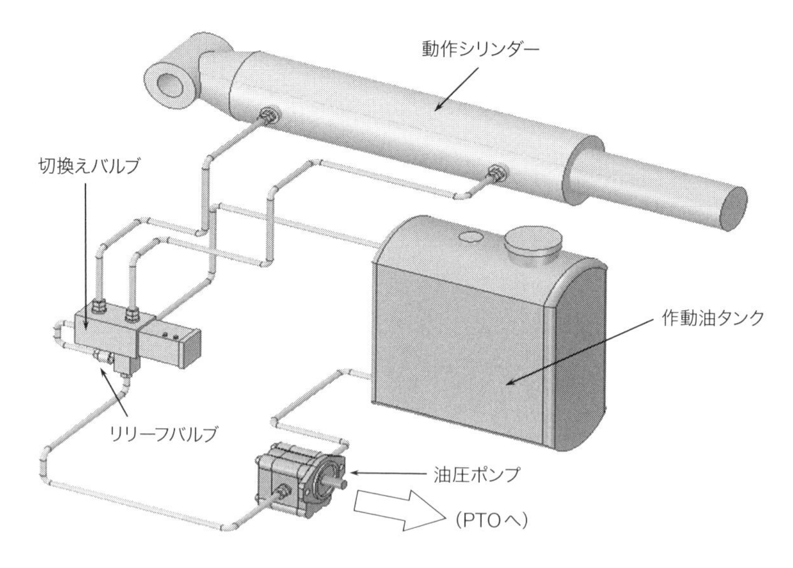

油圧機構装置構成例

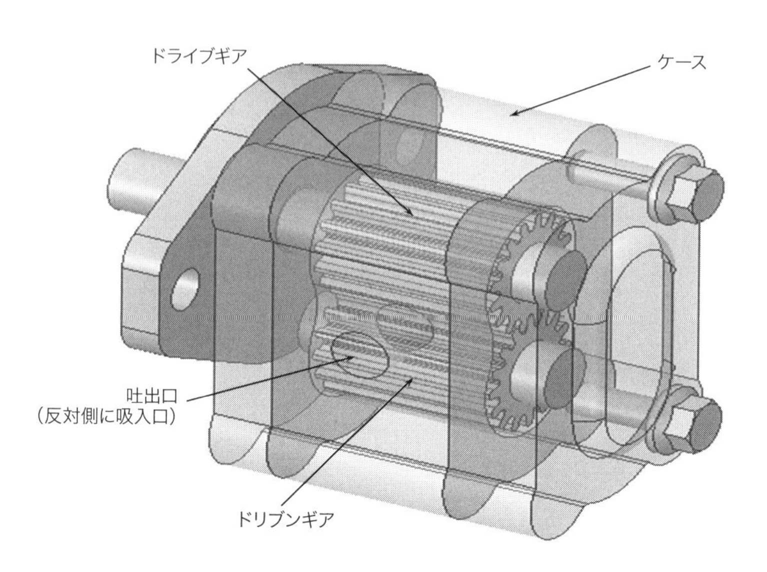

ギアポンプ構造例

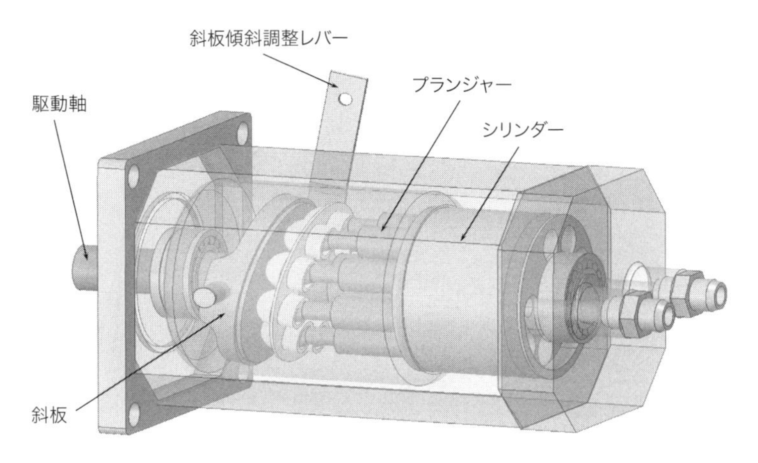

アキシャルピストンポンプ構造例

			油圧ポンプ駆動トルク（Kgm）									
クラス	種別	架装物	5	10	15	20	25	30	35	40	50	55
中型	固定	ダンプ	■			░						
		ミキサー			▒							
		塵芥車			▒	■		░				
		CBクレーン		▒	▒			▒				
		中折クレーン						░		░		
		脱着コンテナ			▒							
		建機運搬車		■	▒							
		高所作業車			▒							
	固定２連	CBクレーン				░			░			
		中折クレーン									░	░
		穴掘建柱車				░	░					
	可変	塵芥車				░		░	░			
大型	固定	ダンプ			▒	░						
		ミキサー								░		
		塵芥車							░			
		CBクレーン			▒	░				░		
		建機運搬車			░							
	可変	塵芥車						░				

← 多い　　少ない →（■ ▒ ░）

架装物別ポンプ駆動要求トルク分布の例

ことになります。

具体的には、ポンプの性能仕様値は吐出圧（MPa）と一回転当たりの吐出流量（cc/rev）で表されており、これらの数値から、

駆動トルク（kgm）＝吐出圧（MPa）×吐出流量（cc/rev）/（2π×9.8）

として求めることができます。

参考までに主要な架装物について、使用している油圧ポンプ諸元から駆動トルクを求めてみると、概ね前頁の表のようになり、これを油圧ポンプのトルク効率で除した値がPTOの軸出力となります。使用の中心帯は10～20kgm（PTO出力12～25kgm）程度ですが、架装物によっては40kgmを超えるものもあるようです。また特徴的な例として、大型のダンプよりも素早く複雑な操作を行う中型の中折れローダークレーンの方が高い駆動トルクが要求されており、動かそうとするものの重量よりも動きにある程度の速さが必要な装置の方が高い駆動トルクを必要としていることもわかります。

2）直接駆動仕事

一般的に消防車はうずまき式タービンポンプを、汚泥吸引車はルーツ式ブロアと呼ばれるポンプを使用しています。またコンクリートポンプなど大きな出力と同時に細かい制御を要求される機器架装物では可変容量式油圧ポンプを使用しており、要求出力に応じてポンプを直列に複数使用しているものもあります。

うずまき式やルーツ式の性能は、吐出圧力と単位時間当たりの吐出流量で表されており、これらの積は単位時間あたりの仕事量（馬力）になります。軸トルクを求めるためには回転数が必要ですが、一般にこれらのポンプの流量はポンプの径と運転回転数に比例するので、狙いとする性能の回転数は定まります。

①消防車（水ポンプ）

消防ポンプは次頁の表のように分類されていますが、最も上級（高性能）のA-1級でも2000rpmを超える高回転で運転されることが一般的で、仮に2600rpmと仮定して

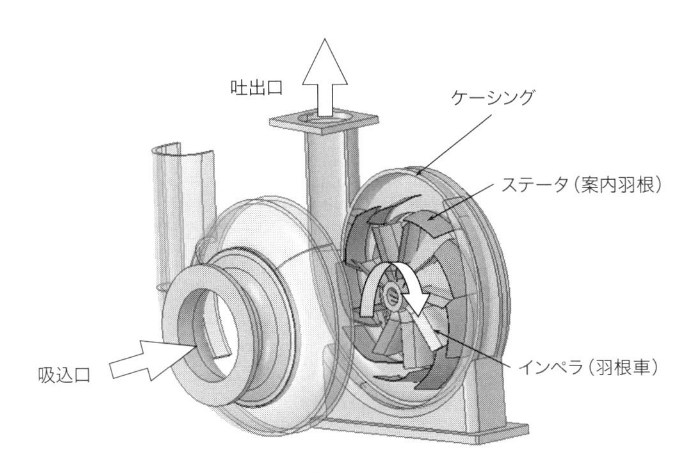

タービンポンプ構造例

ポンプ級	規格放水力 (MPa)	規格放水量 (L/sec)	高圧放水圧力 (MPa)	高圧放水量 (L/sec)
A－1	0.85	47	1.4	33
A－2	0.85	33	1.4	23
B－1	0.85	25	1.4	15
B－2	0.70	17	1.0	10
B－3	0.55	8	0.8	4

消防ポンプの級別性能規格

単純に計算すると、A-1級の高圧放水時の（最低）出力は、

ポンプ出力（kW）　＝1.4（MPa）×33（ℓ /sec）
　　　　　　　　　＝46kW（63PS）
軸トルク（Nm）　　＝ポンプ出力×1000×60/（2π×2600rpm）
　　　　　　　　　＝169Nm（17kgm）

となり、PTO出力はポンプの全効率を85%程度と仮定すると54kW(74PS)、199Nm(20kgm)以上となります。

実際にはこの値はポンプごとに異なり、具体的な要求値は架装メーカーから提示されますが、A-1級では110PS、30kgm程度のエンジンの使用が主力の様子です。

②ルーツ真空ポンプ

現在トラスミッションサイドPTOで駆動させている架装物の中で、最も大きな駆動トルクを要望されているものの一つが汚泥吸引車です。大型車の超強力吸引型はカタログ性能真空圧−96KPa、流量80㎥/min、ルーツポンプを2段組み合わせて使用しています。使用しているポンプそのものの性能表ではありませんが、近似の性能表から回転数は1850rpm付近であることが読み取れ、これらをもとに計算して見ると、

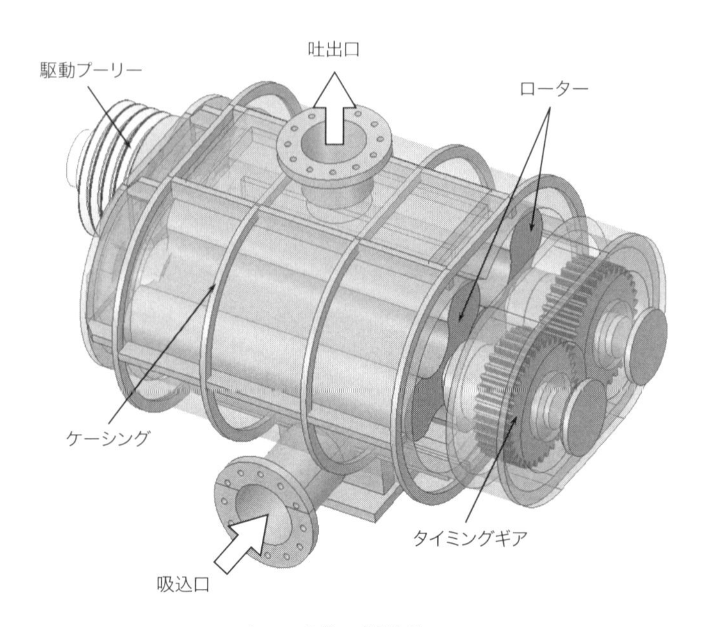

ルーツ式ポンプ構造例

型式	口径（吸込×吐出）	回転速度（前段／後段）	-90kPa（-675mmHg）	
		min^{-1}	m^3/min	kW
SV2-5000 [BE250T + BE200T]	250A × 200A	1300/1390	56.9	68
		1450/1550	63.8	76
		1600/1710	70.8	84
		1750/1870	77.7	92
		1900/2030	84.7	100

ルーツブロア性能例
（株式会社アンレット SV2-500 型性能表より抜粋）

ポンプ出力（kW）＝96（KPa）×80（㎥／min）／60
＝128kW（174PS）
軸トルク（Nm）　＝ポンプ出力×1000×60／（2π×1850rpm）
＝661Nm（67kgm）

ポンプの全効率を85％程度と仮定すると、PTO出力は150kW（205PS）、77Nm（79kgm）となり、かなり大きな力を必要としていることがわかります。

③油圧可変容量ポンプ

基本的には可変容量の流量最大値を使うと固定容量油圧ポンプと同様の手法でポンプ性能を求めることができますが、コンクリートポンプやポンプを2連で使用するような大型の油圧装置の場合では、動作に大流量を必要とするため全力運転を行うと容易にPTO許容値を超えてしまいます。

可変容量ポンプの場合は、出力（馬力）を回転（エンジン回転）とポンプの流量の2つの方法で制御することが可能ですので、その装置の性能設計そのものの主導権は装置設計側にあり、シャシは動力供給源としての性能が求められるだけで、選定の過程から関与するケースはまれですが、発揮性能（要求性能）からPTOの必要性能をある程度推定することは可能です。

例えば国内でGVW（車両総重量）22/25トン級のシャシに搭載されている最大地上

高33m級の大型コンクリートポンプのカタログ性能は7.9MPa、75㎥/hであり、可変容量のポンプで油圧を発生し、シリンダ型のポンプ2基でコンクリートを圧送しています。シリンダおよびポンプの効率をそれぞれ90%と仮定してポンプ駆動の作業馬力を計算し、PTOの速比を1.00としてエンジンのトルク線図に合わせてみると、下図のようになります。

これにサイドPTOとしては最大級の定格90kgm、最大120kgmをあてはめてみると、PTOの連続運転時の定格トルク値90kgmではエンジンを最大に回転させる必要があり、許容最大値の120kgmでも1600rpm以上が必要となり、余裕を持った作業にはかなり難しい状況が推定されます。また一般に街中で仕事をすることの多い作業車は作業騒音に敏感で、低回転(低騒音)化を目指しており、これらを考慮して架装メーカーが自社でトランスファーPTOを開発し、使用していることが窺い知れます。

ここで今までに示した計算例はあくまで考え方を説明するための概算です。特に効率は使用するポンプの性能そのものですので、大まかな目安と考えてください。

海外ではダンプなど通常の架装物の駆動では、架装メーカーが必要なポンプと、それとセットになっていることも多いサードパーティ製のPTOを用意する場合が多いようです。

国内外を含め注意すべきは直接駆動をさせる種類の架装物のケースで、商談時は要求されたPTO能力だけでなく、その背景にある搭載のポンプ情報とその運転状況、

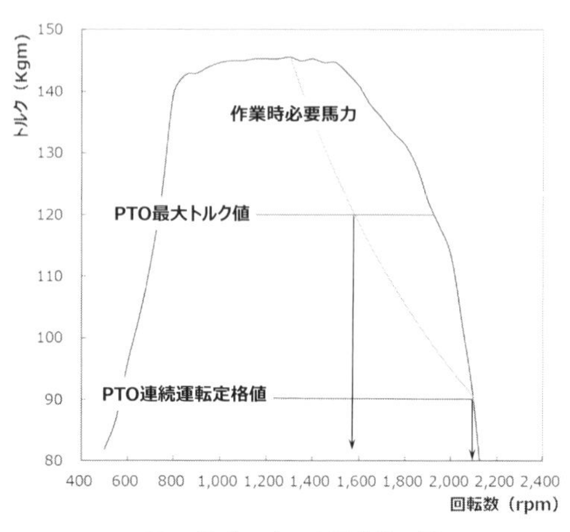

33 m級ポンプ PTO 要求値の例

特に回転数や連続運転時間などは走る車の環境を捉える言葉としてなじみのある「何処を」「どれくらい積んで走っているか」に相当する内容の把握が、はたらく車にとっては重要な基本情報である点を理解して収集に努めることが重要です。

3)走行ガバナと特装ガバナ

当たり前すぎてあまり意識されることはありませんが、エンジンはアクセルペダルの踏み込み量により回転が変化します。上り坂でアクセルをそのままにしておくとどうなるでしょうか?車速が落ちてそのままではエンストに到ってしまいます。つまりドライバーはそのような状況にならないように、走行中の車速変化等から負荷情報を感じ取り、自分自身でアクセルの踏み込みと戻しを行ってエンジンをコントロールをしているわけです。このようなアクセルの踏み込み量と出力の特性を持った燃料噴射制御の装置を「走行ガバナ」、電子式コントロールでは「走行マップ」などとも呼んでいます。

架装物の場合はどうでしょうか?例えばダンプでは作業者が状況を見ながら、アクセル踏み込みでポンプの流量をコントロールしてダンプ速度を変えているので、走行している場合の制御と大きな差はありません。しかし塵芥車のように作業者は運転席の外にいて、ゴミの投入後に投入口近傍にあるスイッチを押すとセットされたエンジンの回転(ポンプ流量)で動くといった場合は、投入したものの固さや量によって油圧機構が力負けして回転が落ちても修正すべき作業者がいないため、負荷変化に因らずなるべく回転が一定となることが望まれます。

このようなエンジン制御装置を「特装ガバナ」「特装マップ」と呼んでいます。ほとんどのディーゼルエンジンはこの制御装置を持っており、PTOが作動状態にある時に、外部アクセルコントロールがはたらいていること、車両が動いていないことなどを基本条件に切り替えが行われます。

大きな出力を必要とする架装物メーカーにとって、特装ガバナの性能はシャシメーカーが動力性能を追求することと同じように重要な性能で、例えば消防車では消火作業中の消防士がホースノズルを操作した時の水圧変化に伴う回転変動が大きければ、ホースが暴れ人命に関わる惨事になる可能性もあるほどの重要な性能です。

また、可変容量の油圧ポンプはかなり精密な制御が可能なポテンシャルを持っている

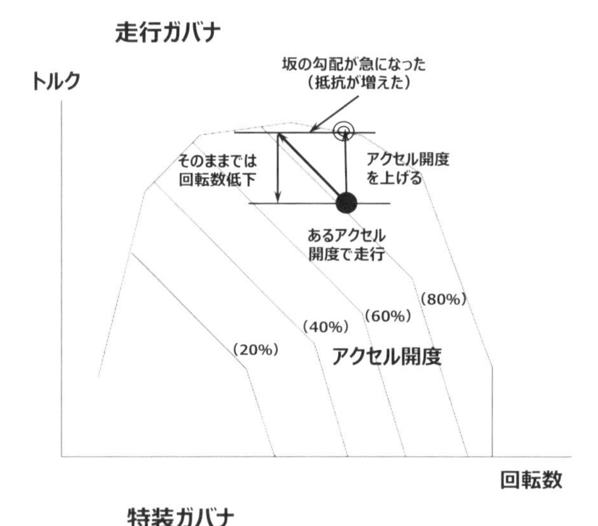

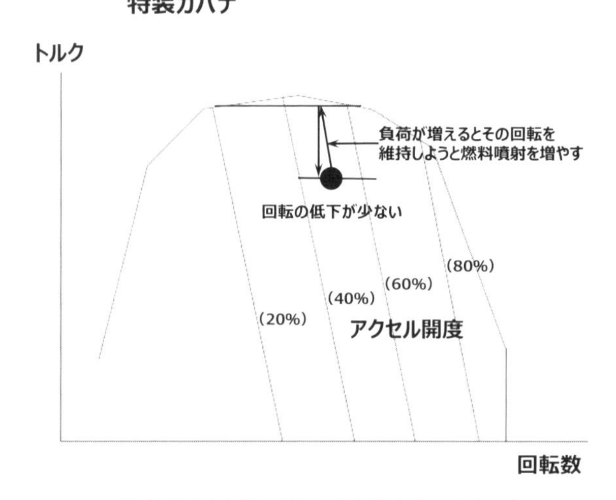

ガバナ特性と負荷変動時の回転数変化のイメージ

ため、例えばポンプの流量の変更に伴いエンジン（ポンプ）回転を最小にするような応答性設定や、ポンプ特性に合わせ直接エンジン制御を行う要望も海外では生まれつつあります。日本でもすでに塵芥車では取り入れから復帰までプログラミングされたサイクル運転を行っているなど、エンジン制御に対する潜在・顕在の要望はあるようですが、海外の架装メーカーからはCAN通信[16]への対応を要望され始めています。

4)もう少しガバナのはなし

ガバナとは“調速装置”と訳され、大体どの資料を見てもはじめに「エンジン負荷が変化した時に回転速度が(大きく)変わることを防ぐため、回転速度を検出して設定の速度になるように燃料噴射量を調節する装置」といった主旨の説明がされています。この方式をオールスピード型ガバナと言い、特装ガバナそのものです。走行ガバナはミニマムマキシマム型ガバナといい、アイドリングと最高回転だけを制御し、その間は緩やかに制御させるか、あるいは回転数制御を行いません。この領域では、運転者が外部負荷に応じて、アクセルペダルで燃料噴射量を制御することになるのですが、自動車の走りとしてはむしろこの方が自然で、特装ガバナよりも良い運転フィーリングが得られます。余談ですがこれも国によって異なるようで、欧州の中大型車の運転フィーリングはかなりオールスピード型に近い車が多かったように記憶しています。

また最近では省燃費を志向したオートクルーズ制御ではオールスピードの方が適していることや、コンピュータによる(機械式に比べて遙かに)精密制御が可能なこと等から、走行ガバナ特性も変ってきているようです。

概ね2000年のユーロ3(欧州の排出ガス規制)以降のエンジンは電子制御式の噴射ポンプもしくはコモンレール式であり、ガバナ(燃料の噴射)特性はアクセル開度と回転数をパラメーターとして、燃料噴射量は電子データとして、制御用CPUの中にありますが、それ以前の燃料ポンプは機械式でした。その時代でも回転振り子やレバーなどの機械メカニズムを駆使して各種特性のガバナが作られていました。RADやRLDなどアルファベット3文字が頭についたガバナ型式を聞いたことがあるかもしれませんが、機械式で対応していた頃の型式の名残です。

5)外部アクセルコントロール

ミキサー車やキャブバッククレーンなど作業系の車両、装備では運転席以外の場所からエンジン回転を操作する必要があります。

これらの用途のために、古くはエンジンの噴射ポンプからワイヤやロッドを伸ばし操作を行っていました。現在ではエンジンコントローラ(ECU)から別配線を行い、もう一つ「外部アクセルコントロール」と呼ぶ機構を追加できるようにしてあります。

現在標準(純正)として準備している装置は図のようなレバー式のもので、架装メーカー側でこのレバーを回転させる機構を追加しエンジン回転を操作しています。

日本では車種により多少の差はありますが、外部アクセルコントロールはPTOとセットで設定されており、架装時のつけ忘れはほとんどありませんが、海外ではPTOの展開そのものがない場合(現地調達)もあり、設定されていないケースも多く、作業系の車両を架装する際に忘れられやすい装置ですので注意が必要です。

レバーは「抵抗器」で、ECUへの信号は0～5ボルト程度の電圧がレバー開度(角度)に応じ指示される構造ですが、高所作業車やコンクリートポンプなど作業者の操作位置が車両から離れる架装物や、作業をサイクル運転する塵芥車では、レバーによる機械操作ではなく電気信号で操作するほうが使い勝手に優れる場合があります。

外部アクセルコントロールが取り付くということは、アクセル(ペダル)が2つある状態になるため、走行中に何らかのエラーにより外部アクセルが働いてしまうと危険な状態になる可能性があります。このため作動にはレバーの信号値以外にもPTO作動状況や車速、トランスミッションのギア位置の監視など何重かの安全措置が取られており、これらを含めたエンジン全体の「制御系の信頼確保」のため、ほとんどのシャシメーカーは電気信号のコントローラへの直接印加の禁止はもちろんのこと、純正以外の装置の使用も認めていません。

しかし、電気信号による操作の方が架装物の操作性や制御安定性の面で利点が多い場合もあり、幾つかの架装メーカーでは直接印加をさせないためにフォトカプラを使用した変換装置を作製し、電気信号による操作を行っています。

今後はこれらも架装側とCAN通信による制御に移っていくものと考えられます。

註

(15)塵芥車の収集作業については環境省から「移動中はメインスイッチ(PTO)を切ること」と通達されています(「廃棄物処理事業における労働安全衛生対策の強化について」平成5年03月02日)。

(16)CANとは「Controller Area Network」の略で、車両に搭載された各種コントローラー間の通信の仕組みと規格のこと。

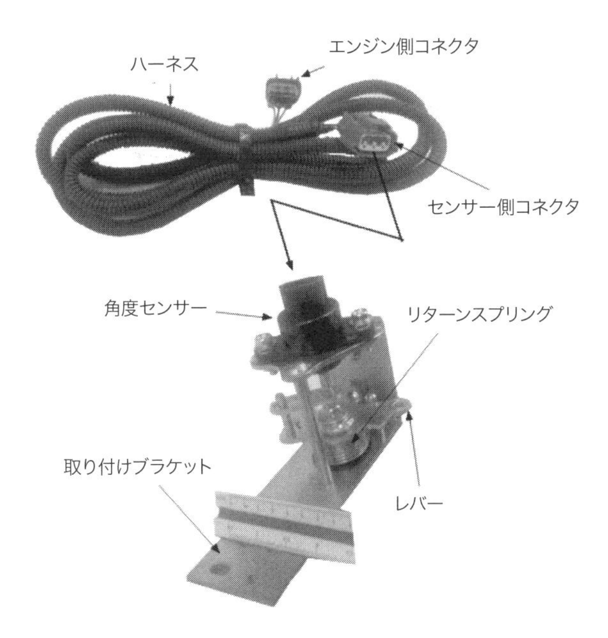

外部アクセルコントロール例

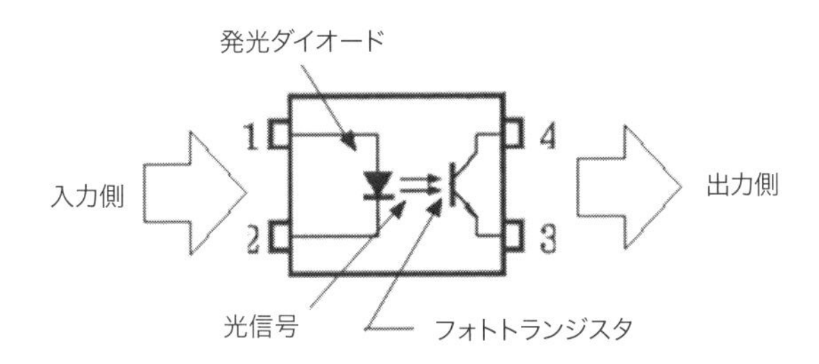

入力された電気信号を光に変換し、その光で受光素子を導通させることにより信号を伝達する。
内部には発光素子と受光素子が収められ、外部からの光を遮断するパッケージに封じ込められた構造になっている。
その構造上、入力端と出力端は電気的に絶縁されているため、主としてそれぞれ独立した電源で駆動される二系統の回路間で、絶縁を保ったままでの信号伝達に用いられる。

フォトトランジスタ（Wikipedia より抜粋 TLP521-1 図に加筆）

使用用語解説

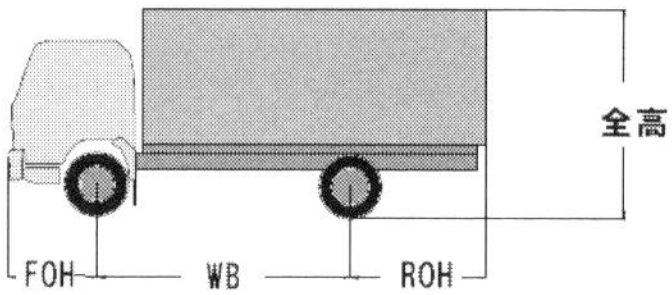

図	用語/略語		解説・備考
全高 FOH WB ROH	FOH		Front Over Hang :フロントオーバーハング （最）前軸中心から車両先端までの距離
	ROH		Rear Over Hang:リアオーバーハング （最）後軸中心から車両後端までの距離。 値が大きいと旋回時にボディ後端のタイヤ軌跡からのはみ出し量が大きくなり、安全のためくROH/WBの比率で最大基準を設けているケースが一般的。 2軸車の後軸中心はわかりやすいが、国によって2軸以上では最後端軸としている場合とそれぞれの軸の中間からとしているケースがあり、注意が必要である。
全高 軸距（荷重検討用） 隣接軸距 FOH 最遠軸距 ROH 全長	WB	最遠軸距	最前軸から最後軸までの距離。 一般に各種基準・規制でWB（軸距）と言ったときはこの値を示している。
		隣接軸距	タンデム（以上の）各軸間の長さ。 この距離に応じて最大許容軸重が異なっている（長いほど大きく、一般に1800mmを超えると独立した一つの車軸とみなされる）。
		軸距 （荷重検討用）	前軸から後軸の荷重中心までの距離。 重量検討時の検討簡便化のため２軸車に置き換え、前軸の重量（荷重）と「みなし後軸」の重量（荷重）を計算し、必要に応じ更に２軸に分配計算を行っている。
全高（車両本体） 全高（含む積載物）	全高		バン等の天井のある架装物（車両）では差はないが、シャシ＋ボディの車両としての全高と積載物を含んだ場合がある。通常これら2つの基準値は「自動車」に関する法令と「道路」に関する法令で定められており、基本的には両者間に差はなく各国とも概ね3.8m程度。
		自動車に対して	シャシ＋架装物の車両としての最大高さ（地上高）。
		道路に対して	積載する積荷までの最大地上高。 運行・運用上の問題であるが、一部特定の荷物で信号、陸橋など道路空中に障害のないルート走行を条件に自動車に対する基準を超える高さを認めている。ISO 9'6"背高コンテナのように量の多いものに関しては、専用車両の（開発）準備などシャシ側に影響する場合がある。
キャブ幅段差 キャブ幅 荷台幅（全幅）	全幅		通常は荷台が（車両）最大幅になる。シャシが最大幅になるときはキャブ幅になり、ミラーは含めない。
		キャブ幅段差	荷台幅とキャブ幅の差。 大きくなるとミラーの視界を阻害するため一定の基準が存在することが一般的。一部海外で「運用者の責任」の解釈で基準がないケースも存在する。

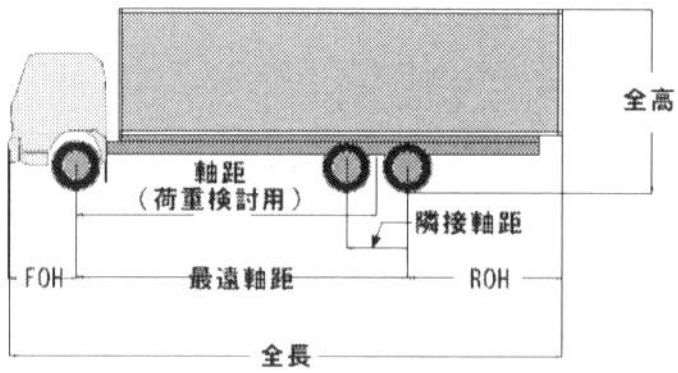

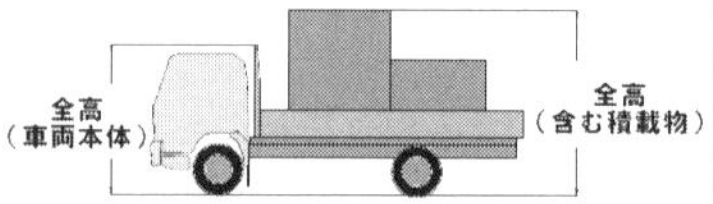

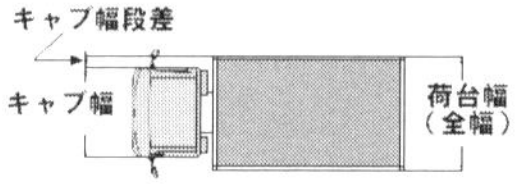

図	用語/略語	解説・備考
軸重 軸重 隣接軸重 GVW GCW	軸重	一つの車軸が負担している重量。
	隣接軸重	隣り合う車軸が負担している重量の合計。 一般に距離（隣接軸距）1800mm以下の車軸の許容重量は一軸の場合の許容重量の和よりも少なく、隣接軸距の範囲により2～3段階の許容重量が設定されている。
	GVW	Gross Vehicle Weight:車両総重量。 シャシ＋架装物＋積載物＋乗員＋燃料　の総和。
	GCW	Gross Cmbination Weight:連結総重量 連結車の場合のGVWに相当する言い方。 ※GTW（Gross Train Weight）の言い方をする地域もある。
最大安定傾斜角	最大安定傾斜角	（車両横方向の）転倒角。 日本の例で述べるとシャシおよび架装の諸元から重心高（位置）を求め、各輪とのモーメントから計算で求めるが、基準に対して余裕の少ないものでは登録時に傾斜台で実測をされる場合がある。 空車で35度以上（積載のない作業系の特装車では30度以上）が基準。
	前軸荷重割合	車両重量に対する前軸（旋回機構軸）の割合。 値が低いと旋回時にタイヤが滑って旋回できない・回転半径が大きくなる。日本では空車時20%以上が基準。

参考文献

GP企画センター編『特装車とトラック架装』グランプリ出版、2010

山口節治「自動車車体技術の発展の系統化調査」『国立科学博物館技術の系統化調査報告　第15集』国立科学博物館、2010

『架装要領書』いすゞ自動車

『Body Builders Guide』いすゞ自動車

『解体マニュアル』社団法人日本自動車車体工業会

参考資料（カタログおよびホームページ）※アルファベット、50音順、敬称・海外の会社の種類等は省略

＜海外＞

INTERPUMP
LIEBHERR
Mercedes-Benz
OMSI Transmission
Putzmeister
SCANIA
Super Polo
VolksBus
三一重工

＜国内＞

株式会社アイチコーポレーション
浅香工業株式会社
株式会社アンレット
いすゞ自動車株式会社
いすゞ車体株式会社
カーゴテック・ジャパン株式会社（Hiab）
兼松エンジニアリング株式会社
カヤバ株式会社（KYB株式会社）
極東開発株式会社
新明和工業株式会社
全日本空輸株式会社
タキゲン製造株式会社
株式会社タダノ
タニ工業株式会社
株式会社ディートマー・カイザー・ジャパン
東プレ株式会社
株式会社トランテックス
日本機械工業株式会社
日本パルフィンガー株式会社
日本フルハーフ株式会社
株式会社パブコ
富士車輌株式会社
プッツマイスタジャパン株式会社
古河ユニック株式会社
株式会社モリタ
株式会社モリタエコノス
ヨースト・ジャパン株式会社（JOST）
菱重コールドチェーン株式会社

一般社団法人セメント協会
一般社団法人日本産業機械工業会
一般社団法人日本パレット協会

京都府消防局
神戸市

謝　辞

執筆に際し、構造や特性の記述は、自身の拙い表現力では平易に伝えることは難しく、写真や図の使用は必須でした。本書への掲載許諾並びに、新たに写真をご提供くださった各社に御礼申し上げます。内容をより充実させることができました。

また極東開発工業　原田修氏、新明和工業　杉本滋氏、日本フルハーフ　服部幸夫氏、日本パルフィンガー　辻佳也氏には貴重なご指摘を、いすゞ自動車並びにいすゞ自動車販売の同僚諸氏には査読への協力、叱咤激励にあらためて深く感謝します。

発展の早い新興国については、少し古くなってしまった情報・内容もあるかと思います。その点はご容赦いただければ幸いです。それと同時に“古い”と気がついたということは、内容や現在の状況を理解したということですので、私にとってはその一助になることができたのならば、嬉しく思います。

最後に、架装に関わっている間、一社では完結しない商業車という自動車について、書き始めたころに私なりに気が付き、書き進めるうちにたどり着いた私なりの答えを述べて終わります。

架装はシャシの後工程
ボディはシャシの前工程
使い勝手がボディの前工程

本書の完成までに、携わってこられた皆様に感謝申し上げます。ありがとうございました。

綾部政徳

〈著者紹介〉

綾部 政徳(あやべ・まさのり)

1954年5月18日生まれ。

1975年東京都立航空工業高等専門学校(現都立産業技術高等専門学校)航空原動機工学科卒業。いすゞ自動車に入社、大型車研究実験部配属。途中北海道試験場駐在を含めブレーキ、駆動系の開発評価、車両耐久性評価、車両性能評価などを担当。

1995年からトラクタの営業を皮切りに中型車、小型車、大型車の商品政策並びに営業企画、日系企業の会社海外進出時の商品支援のほか、省燃費運転や配送車の安全運転に関する教育コンテンツの開発と講習組織の運営と講師を担当。この間(社)日本コンテナ協会委員、NGV2000委員、(社)日本ロジスティクスシステム協会委員として活動。またトラックの構造や性能、法規制と動向などについて、いくつかの機関誌に寄稿。

2006年に海外部門に転じ、南米(コロンビア)駐在を経て、海外向け商品の架装政策および、大型車を中心とした拡販支援を担当。

2018年いすゞ自動車販売へ転籍。EVおよびFCVトラックの市場投入実証研究の企画と運営を担当し、2023年5月退職。

架装車両入門
はこぶ車とはたらく車の話

著　者　綾部政徳
発行者　山田国光

発行所　株式会社グランプリ出版
〒101-0051　東京都千代田区神田神保町1-32
電話 03-3295-0005(代)　FAX 03-3291-4418
振替 00160-2-14691

印刷・製本　モリモト印刷株式会社　　編集　松田信也／組版　松田香里